第2石油類					第3石油類					第4石油類		動植物油類		
灯油	軽油	キシレン（オルト）	酢酸（氷酢酸）	アクリル酸	重油	クレオソート油	ニトロベンゼン	エチレングリコール	グリセリン	ギヤー油	シリンダー油	アマニ油、キリ油	ナタネ油、綿実油	オリーブ油、ツバキ油
約0.8	約0.85	0.88	1.05	1.06	0.9〜1.0	1.0以上	1.2	1.1	1.3	0.9	0.95	1以下	1以下	1以下
145〜270	170〜370	144	118	141	300以上	200以上	211	198	291					
40以上	45以上	33	39	51	60〜150	74	88	111	199	220	250	200〜250	200〜250	200〜250
220	220	463	463	438	250〜380	336	482	398	370					
×	×	×	○	○	×	×	×	○	○	×	×	×	×	×
石油製品は自然発火しない。	引火点以下でも霧状は危険。布に染み込んだものは空気の接触面積が大となり危険。	3種の異性体がある。	強い腐食性を有する有機酸。	重合しやすく、発火・爆発に注意する。	A、B、C重油の3種類があり、引火点、粘度等が異なる。	水に溶けない。アルコール等に溶ける。	淡黄色で爆発性や自然発火性はない。		ナトリウムと反応して水素を発生する。	引火点が200℃以上250℃未満のもの。	酢、アルカリ等と反応するものがある。	乾性油（ヨウ素価130以上）自然発火に注意。	半乾性油（ヨウ素価100〜130）	不乾性油（ヨウ素価100以下）

比較的安全
引火点が高い
引火しにくい
沸点が高い
蒸発しにくい
蒸気圧が低い

過去問
完全分析

乙種4類
危険物試験

吉田 幸善【著】

合格虎の巻

大学教育出版

本書で合格できる理由＆学習法

　筆者は、危険物試験の受験指導に永年携わってきました。その実務の1つとして、実際の本試験を35年以上にわたり毎年20回以上も受験し、問題を収集し続けています。
　じつは、本書で掲載された問題は、すべて過去に出題された問題を忠実に再現し、かつ、今後出題可能性の高いものを厳選しております。それらの問題に対応するための知識も、最低限覚えておくべきところに絞って『虎の巻ポイント』として解説しています。本書を3回繰り返し学習することで、間違いなく合格できる実力を養成できると自負しております。本書で、ぜひ合格を勝ち取ってください！

1 試験を知ろう！

（1） 受験資格
　国籍、性別、学歴、実務経験を問わず、だれでも受験可能。

（2） 試験科目

出題数と合格点

科目名	出題数	合格ライン
危険物に関する法令	15問	9問（60%）以上
基礎的な物理学及び基礎的な化学	10問	6問（60%）以上
危険物の性質並びにその火災予防及び消火の方法	10問	6問（60%）以上

　※合格には、科目ごと各60%以上の正解が必要。合計点で60%得点しても、
　　1科目でも60%未満の場合は不合格。

（3） 試験時間
　2時間

（4） 試験の内容など
　出題形式は原則として「5肢択一式」。計算機は使用不可。

（5） 出題傾向
　新旧問題比率の配分率の推移と傾向は下記のとおり。

新旧比率の推移

	15年前	最近
古い問題	10%	20%
3年以内に出題の問題	80%	60%
新規の問題	10%	20%

- ●3年以内の新しい問題が徐々に減少しているものの全体のなかではまだ大きなウエイトを占める
- ●10年以上前の古い問題（なかには20〜30年前の問題）および、全く初出の問題が微増傾向

　本書の編集方針は、最頻出の『3年以内に出題の問題』をしっかり確実に覚えられるよう、メインに配しつつも、新旧の出題問題も得点力を高められるように工夫して構成しています！

（1）学習効率の高い章構成

まず、学習すべき知識とポイントを出題分野別に、1〜3学期で効率的に覚えてください。

- ●1学期 「危険物に関する法令」（1〜15講）　　➡【学期末『実力テスト』で知識定着！】
- ●2学期 「基礎的な物理学／化学」（16〜25講）　➡【学期末『実力テスト』で完全定着！】
- ●3学期 「性質・火災予防・消火の方法」（26〜35講）➡【学期末『実力テスト』で復習定着！】
- ●模擬テスト
  - ➡ 過去問のうち、とくに最近の出題傾向（令和3年以降の問題）を基に編集！

（2）過去問の完璧な分析による「要点解説」と「テスト問題」

虎の巻ポイント で出題される箇所だけを覚える！

35 その1
第1石油類（ベンゼン、トルエン、アセトン、他）

虎の巻ポイント

❶ベンゼンの引火点は、トルエンより〔低〕い。

❷ベンゼンとトルエンは〔非水溶性液体〕であり水に〔溶けない〕が、多くの〔有機溶媒〕によく溶ける。

❸ベンゼンとトルエンはいずれも〔芳香族炭化水素〕で、蒸気は〔有毒〕である。

❹アセトンは、〔水溶性液体〕で水によく〔溶ける〕。

▶ベンゼン、トルエン等は、石油類以外で最頻出の分野です。

品　名	液比重	沸点（℃）	引火点（℃）	発火点（℃）	燃焼範囲（%）	水溶性
ベンゼン	0.9	80	− 11	498	1.2 〜 7.8	×
トルエン	0.9	111	4	480	1.1 〜 7.1	×
アセトン	0.8	56	− 20	465	2.5 〜 12.8	○

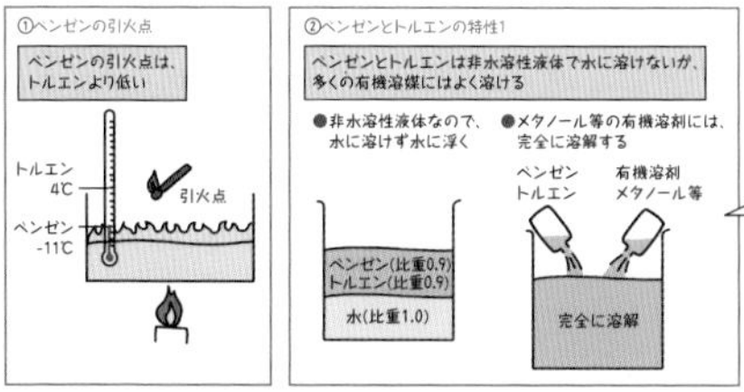

①ベンゼンの引火点
ベンゼンの引火点は、
トルエンより低い。
トルエン 4℃
ベンゼン -11℃
引火点

②ベンゼンとトルエンの特性！
ベンゼンとトルエンは非水溶性液体で水に溶けないが、
多くの有機溶媒にはよく溶ける
●非水溶性液体なので、
水に溶けず水に浮く
ベンゼン（比重0.9）
トルエン（比重0.9）
水（比重1.0）
●メタノール等の有機溶剤には、
完全に溶解する
ベンゼン
トルエン
有機溶剤
メタノール等
完全に溶解

図1　ベンゼン、トルエンの性質①

虎の巻ポイント➡効率的に学べる！
　過去の出題傾向と分析もふまえて、今後出題される分野で覚えるべき知識に関するポイント解説です。
箇条書きで簡潔に構成し、重要箇所は付録の赤シートで暗記しやすいようにまとめられています。

イラスト解説➡見て覚えられる！
　読んで学ぶよりも、豊富なイラストを見て覚えられるように編集しています。ビジュアル的に学ぶことができる紙面構成です！

実力テスト で知識を定着！

答えあわせ

★合格のテクニック★
①選択肢すべてに○×をつけておきます
②わからない選択肢には「？印」をつけておきます
　➡難問である？項目は、90％の確率で正答にはなりません！
③本書の問題を解くときには、上記①②を繰り返し実践してみましょう！ 自然と正誤の文章を覚えられるようになります。

[9] 第1石油類のガソリンに関して、正しいものには○を、誤っているものには×をせよ。
○ 1. 自動車ガソリンの液体の比重は、1以下である。
× 2. 自動車ガソリンの蒸気比重は、~~1より小さい。~~ 1より大きく、3〜4である
○ 3. 引火点が低く、冬季の屋外でも引火の危険性が大きい。
× 4. 発火点は、~~100℃以下~~ 約300℃ である。
× 5. 自動車ガソリンは、自然発火~~も~~ しない やすい。

3
学期
危険物の性質・火災予防・消火の方法

[10] 第1石油類のガソリンに関して、正しいものには○を、誤っているものには×をせよ。
○ 1. 燃焼範囲は、おおむね1〜8vol%である。
× 2. 自動車ガソリンは、~~パラフィン系炭化水素の単体~~ 種々の炭化水素の混合物 である。
× 3. 過酸化水素や硝酸と混合すると、発火の危険性が~~低くなる。~~ 一第6類の酸化性液体　酸化剤との混合は、発火の危険性が高くなる
× 4. 燃焼範囲の上限値は、~~10%を超える。~~ 約8%である
○ 5. 自動車ガソリンの引火点は、一般に-40℃以下である。

[11] 第2石油類に関して、正しいものには○を、誤っているものには×をせよ。
× 1. 第2石油類に水溶性のものはない。 酢酸などが水溶性である
○ 2. 灯油の引火点は、40℃以上である。
× 3. 灯油の中にガソリンを注いでも~~混ざりあわないため、やがて分離する。~~ 同じ石油製品なので、よく混ざりあう
× 4. 灯油は電気の~~導体~~ 不導体 である。
× 5. 軽油の蒸気は、空気よりわずかに~~軽い。~~ 相当に重い

正誤の差分理由を赤字添削方式で適宜解説！

模擬テスト で実践力を養成！！

模擬テスト【第5回】
性質・火災予防・消火の方法

[29] 第1石油類の貯蔵タンクを修理または清掃する場合の火災予防上の注意事項として、次のうち誤っているものはどれか。
1. 洗浄のため水蒸気をタンク内に噴出させるときは、静電気の発生を防止するため、高圧で短時間に行う。
2. 残油などをタンクから抜き取るときは、静電気の蓄積を防止するため、容器等を接地する。
3. タンク内に残っている可燃性ガスを排出する。
4. タンク内の作業に入る前に、タンク内の可燃性ガス濃度を測定機器で確認してから修理等を開始する。
5. タンク内の可燃性蒸気を置換する場合には、窒素等を使用する。

本書の特長は、ズバリ「完璧な再現問題を解くことで本番対応力をアップできる！」
　まさに模擬テストの問題は、そのエッセンスを凝縮しており、完全な出題傾向の分析によって実践対応力を養成します。「模擬テスト」と「実力テスト」を3回づつ解くことで、試験対策は完璧×バッチリです！！

本書で合格できる理由＆学習法

iii

目　　次

各学期の❶〜㉟講は、実際の出題形式に沿った実践的な構成になっています。
➡学期の途中には『実力テスト』があり、知識を定着させることができます！
➡巻末には過去問で構成した『模擬テスト』があり、実践力を養成できます！

1学期　危険物に関する法令

2学期　基礎的な物理学／化学

3学期　危険物の性質・火災予防・消火の方法

模擬テスト

目
次

1 学期

危険物に関する法令

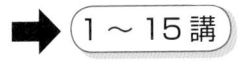 1〜15講

危険物の種類と取扱い

虎の巻ポイント

❶危険物とは、消防法〔別表第1の品名欄〕に掲げる物品である。

❷危険物は、〔第1類〕から〔第6類〕に分類されている。

❸危険物は、常温（20℃）で〔固体〕又は〔液体〕である。プロパン、水素ガス等の〔気体〕は、消防法上の危険物ではない。

❹給油取扱所（ガソリンスタンド）等での危険物の取扱いには、甲種又は乙種〔第4類〕等の免状が必要である。

▶危険物乙4類の取得を目指すものは、第1類から第6類のすべての危険物の概要を理解することが必要である。

類　別	性　　　質	代表的な品名など
第1類	酸化性固体（燃えない）	塩素酸塩類、硝酸塩類、過マンガン酸塩類他
第2類	可燃性固体	赤りん、硫黄、引火性固体、金属粉他
第3類	自然発火性及び禁水性物質	カリウム、ナトリウム、アルキルリチウム、黄りん他
第4類	引火性液体	ガソリン、灯油、軽油、重油、潤滑油、特殊引火物、アルコール類他
第5類	自己反応性物質	有機過酸化物、ニトロ化合物他
第6類	酸化性液体（燃えない）	過酸化水素、硝酸、過塩素酸他

1類と6類は酸素供給源で、自分自身はガソリンとは違い燃えないんだ！

プロパン、水素ガス、ダイナマイト等は、別な法律で規制されていて消防法上の危険物ではないのだ！

第1類　塩素酸塩類　過塩素酸塩類　過マンガン酸塩類

第6類　過酸化水素　硝酸

プロパン　水素ガス　ダイナマイト

図1　燃えない危険物

図2　プロパン等は危険物でない

第4類の危険物

虎の巻ポイント

❶特殊引火物とは、〔ジエチルエーテル〕、二硫化炭素その他発火点が〔100℃〕以下のもの又は引火点が〔− 20℃〕以下で沸点が 40℃以下のもの。

❷第1石油類とは、〔アセトン〕、ガソリンその他引火点が〔21℃未満〕のもの。

❸アルコール類とは、炭素の原子の数が〔1個から3個〕までの飽和一価アルコールで、含有量が〔60％未満〕のものを除く。

❹第2石油類とは、灯油、〔軽油〕等であり、第3石油類は〔重油〕、クレオソート油等である。

❺第4石油類は〔ギヤー油〕、シリンダー油等であり、動植物油類には、アマニ油、〔ナタネ油〕等がある。

▶第4類の危険物は、ガソリン等の物品名とその特性を覚えること！

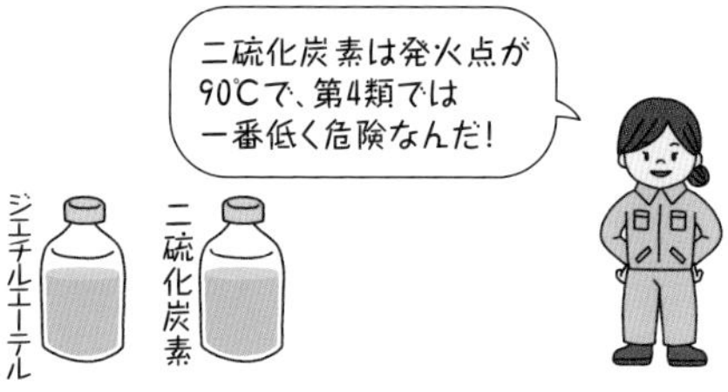

二硫化炭素は発火点が90℃で、第4類では一番低く危険なんだ！

ジエチルエーテル　二硫化炭素

図1　特殊引火物

ガソリンが漏れていると、引火点が低いので静電気の火花等で引火します！

図2　第1石油類

第2石油類の引火点は、21℃以上70℃未満なのだ！

灯油　軽油

図3　第2石油類

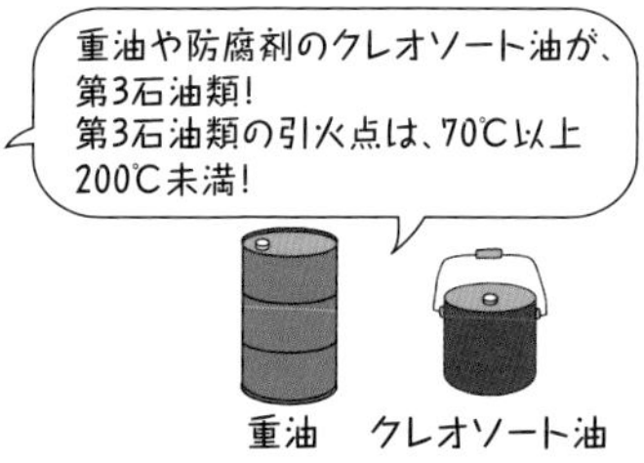

重油や防腐剤のクレオソート油が、第3石油類！
第3石油類の引火点は、70℃以上200℃未満！

重油　クレオソート油

図4　第3石油類

第4石油類の引火点は、200℃以上250℃未満なのね！

ギヤー油
シリンダー油

図5　第4石油類

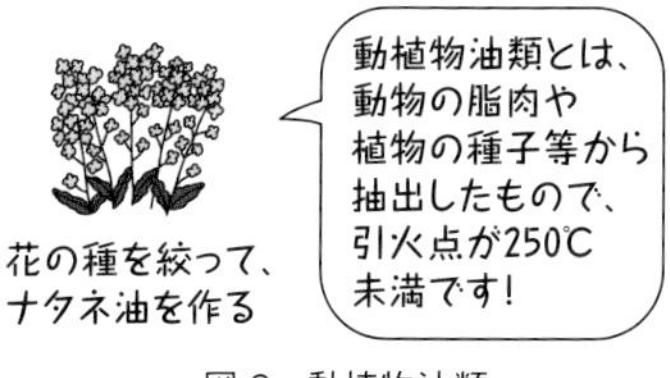

動植物油類とは、動物の脂肉や植物の種子等から抽出したもので、引火点が250℃未満です！

花の種を絞って、ナタネ油を作る

図6　動植物油類

製造所等の区分

2講 その1

虎の巻ポイント

❶屋内貯蔵所とは、〔屋内〕で危険物を貯蔵し、又は取り扱う施設。

❷地下タンク貯蔵所とは、〔地盤面下〕のタンクで、危険物を貯蔵し、又は取り扱う施設。

❸屋外貯蔵所とは、〔屋外〕で危険物を貯蔵し、又は取り扱う施設。

❹販売取扱所（塗料店等）とは、〔容器入り〕のままで販売するため、危険物を取り扱う施設。

▶危険物取扱施設は、製造所【1施設】、貯蔵所（屋内貯蔵所、屋内タンク貯蔵所、屋外貯蔵所、屋外タンク貯蔵所、地下タンク貯蔵所、簡易タンク貯蔵所、移動タンク貯蔵所）【7施設】、取扱所（給油取扱所、販売取扱所、移送取扱所、一般取扱所）【4施設】の3つに区分され、合計で12施設。

図1　屋内貯蔵所

図2　地下タンク貯蔵所

図3　屋外貯蔵所

図4　販売取扱所

予防規程

虎の巻ポイント

❶予防規程は、製造所等の〔火災〕を予防するため、〔所有者〕等が作成し、所有者、従業員等が守らなければならない。

❷〔作成〕や変更したときは、市町村長等の〔認可〕が必要である。

❸顧客に自ら給油等させるセルフスタンドでは、予防規程に顧客の〔監視〕や保安などについて定めておく。

▶予防規程は、製造所等の火災を予防するため所有者等が定め、市町村長等の認可を受けなければならない。

作成

予防規程は、危険物保安監督者ではなく所有者のあなたが作成し、認可を受けて下さいね!

所有者等　市町村長等

遵守

火災予防のため社員全員で、予防規程に定めた自主保安基準を守るのだ!

所有者　作業員

図1　予防規程の作成と遵守

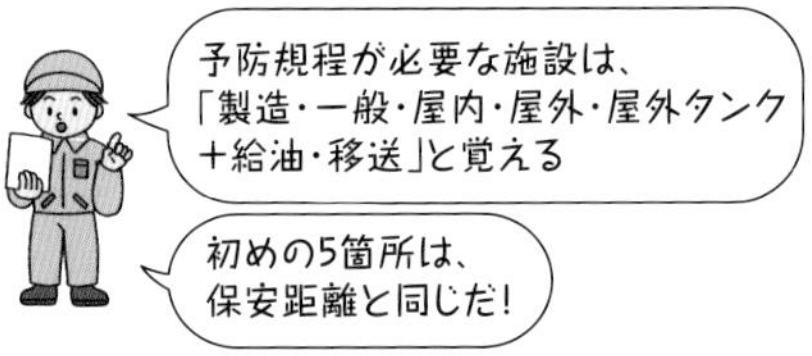

予防規程が必要な施設は、「製造・一般・屋内・屋外・屋外タンク＋給油・移送」と覚える

初めの5箇所は、保安距離と同じだ!

〈指定数量により必要な施設〉
・製造所　　・一般取扱所　・屋内貯蔵所
・屋外貯蔵所　・屋外タンク貯蔵所

〈指定数量に関係なく必要な施設〉
・給油取扱所　・移送取扱所

図2　定める必要のある施設

ガソリンを携行缶に入れるのは違反です。危険ですので、直ちにやめて下さい!

図3　セルフスタンドでは「監視」が必要

指定数量

虎の巻ポイント

❶指定数量以上（ガソリンは 200L 以上）の危険物は、〔消防法〕の規制を受けるので、法に従って取扱いをしなければならない。

❷指定数量未満の危険物は、市町村の〔火災予防条例〕で基準が定められている。

❸危険物の指定数量は、〔全国同一〕である。

❹水溶性の危険物の指定数量は、非水溶性危険物の〔2倍〕である。

▶指定数量とは、その危険性を勘案して政令で定める数量で、指定数量以上の危険物を取り扱うときは消防法の規制を受ける。

●指定数量の計算

①ガソリンのみを貯蔵している場合

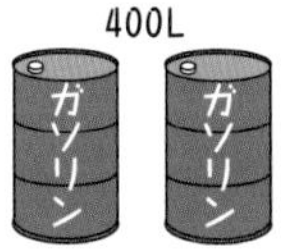

$$指定数量の倍数 = \frac{ガソリンの貯蔵量（L）}{ガソリンの指定数量（L）} = \frac{400L}{200L} = 2.0（倍）$$

図1　ガソリンのみ貯蔵の場合の計算例

②灯油、重油、メタノールを同一場所で貯蔵している場合

$$指定数量の倍数 = \frac{灯油貯蔵量}{指定数量} + \frac{重油貯蔵量}{指定数量} + \frac{メタノール貯蔵量}{指定数量}$$

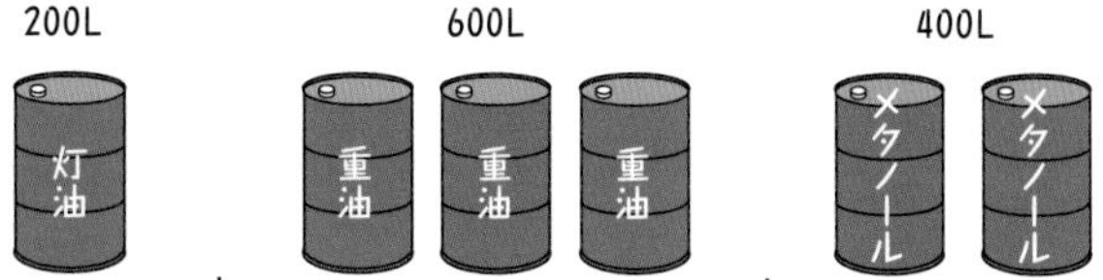

$$= \frac{200L}{1,000L} + \frac{600L}{2,000L} + \frac{400L}{400L} = 0.2 + 0.3 + 1.0 = 1.5（倍）$$

図2　複数の危険物を同一の場所で貯蔵している場合の計算例

3講 その2　指定数量を覚える

油種を「氏名」、指定数量を「電話番号」に見たてて覚える。

氏　名：と い あ に さ よ ど → 問兄　差淀さん

電話番号：524 － 1261

と	特殊引火物	5		50 L	ジエチルエーテル、二硫化炭素
い	第1石油類	2	非水溶性	200 L	ガソリン、ベンゼン
			水溶性	400 L	アセトン
あ	アルコール類	4		400 L	メタノール、エタノール
に	第2石油類	1	非水溶性	1,000 L	灯油、軽油
			水溶性	2,000 L	酢酸
さ	第3石油類	2	非水溶性	2,000 L	重油、クレオソート油
			水溶性	4,000 L	グリセリン
よ	第4石油類	6		6,000 L	ギヤー油、潤滑油、シリンダー油
ど	動植物油	1		10,000 L	アマニ油、なたね油

指定数量は、名前と電話番号で覚えるんだよ！

氏名は「といあにさよど」電話は「524-1261」だね！

「と」は特殊引火物で「5」は50ℓ「い」は第1石油類で「2」は200ℓと覚えるのか！ 水溶性は2倍ね！

図1　"まず"指定数量を覚えよう

【問題】指定数量の倍数の最も大きくなる組合せはどれか。

```
  1.ガソリン 200L     軽　油 500L     1.0 ＋ 0.5 ＝ 1.5
  2.軽　油 1,000L     重　油 1,000L    1.0 ＋ 0.5 ＝ 1.5
  3.灯　油 500L      重　油 2,000L    0.5 ＋ 1.0 ＝ 1.5
○4.ガソリン 100L     重　油 3,000L    0.5 ＋ 1.5 ＝ 2.0 ○
  5.ガソリン 50L      灯　油 800L     0.25＋ 0.8 ＝ 1.05
```

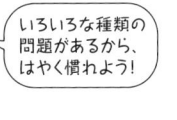

例えば1.で、ガソリンと軽油を合計すると、1.0＋0.5＝1.5になります。1番から5番までを計算すると、合計が2.0の4番が一番大きいからこれが正解ね！

いろいろな種類の問題があるから、はやく慣れよう！

図2　試験問題の例

4講

その1

保安距離・保有空地

虎の巻ポイント

❶保安距離・保有空地の必要な施設は、〔製造所〕、一般取扱所、〔屋内〕貯蔵所、〔屋外〕貯蔵所及び〔屋外タンク〕貯蔵所の5施設。〔簡易タンク〕貯蔵所（屋外に設置）は、保有空地のみ必要。

❷保安距離は、重要文化財から〔50 m〕以上、学校（幼稚園～高校）・病院・劇場から〔30 m〕以上、一般住宅から〔10 m〕以上、高圧ガス施設から20 m以上、特別高圧架空電線から水平距離で〔3 m or 5 m〕以上離す。

❸保安距離が必要ない施設は、〔給油〕取扱所、〔販売〕取扱所等である。

❹保有空地の幅は、指定数量の倍数が10以下の製造所では〔3 m〕以上、10を超えると〔5 m〕以上必要である。

▶製造所等の危険物施設は、火災や爆発などの被害が近隣の一般住宅などに及ばないように保安距離を、また消火や延焼防止のために必要な保有空地を設けなければならない。

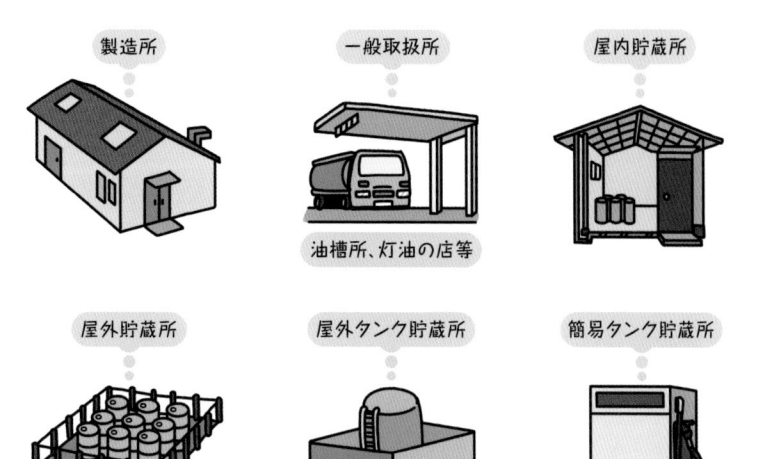

図1　保安距離・保有空地の必要な施設

得点力アップのポイント

「製造、一般、屋内、屋外、屋外タンク＋簡易タンク（保有空地のみ）」って声に出して覚えればいいのね！

製造は製造所、一般は一般取扱所、屋内は屋内貯蔵所・・・

保安距離が必要でない施設

塗料店

給油取扱所　　販売取扱所

図1　保安距離・保有空地の必要な危険物施設の覚え方

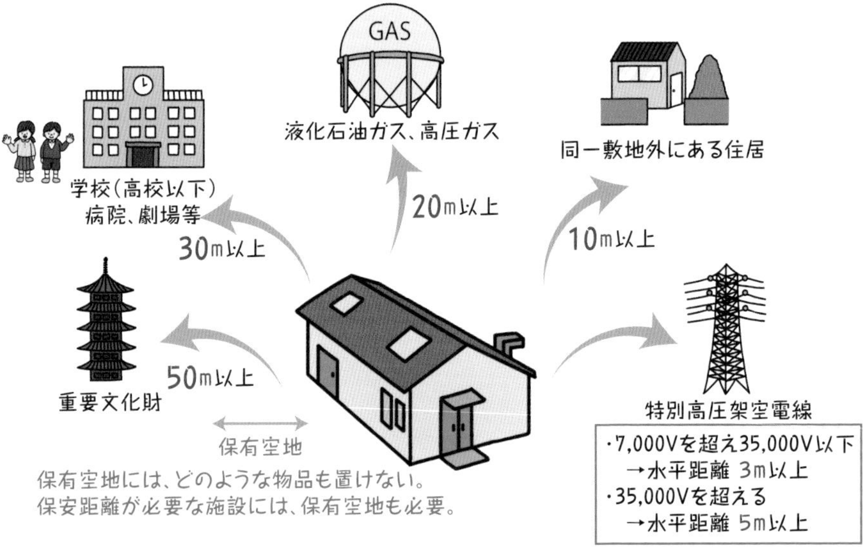

GAS
液化石油ガス、高圧ガス

同一敷地外にある住居

学校（高校以下）病院、劇場等

30m以上

20m以上

10m以上

重要文化財

50m以上

保有空地

特別高圧架空電線
・7,000Vを超え35,000V以下
　→水平距離 3m以上
・35,000Vを超える
　→水平距離 5m以上

保有空地には、どのような物品も置けない。
保安距離が必要な施設には、保有空地も必要。

図2　保安距離、保有空地の例

5講

その1

消火設備

虎の巻ポイント

❶ 第1種消火設備 ⇨ 屋内・屋外〔消火栓〕設備

❷ 第2種消火設備 ⇨〔スプリンクラー〕設備

❸ 第3種消火設備 ⇨ 各種〔消火設備〕（粉末消火設備等）

❹ 第4種消火設備 ⇨〔大型〕消火器

❺ 第5種消火設備 ⇨〔小型〕消火器、〔乾燥砂〕、水バケツ等

▶消火設備は、製造所等の火災を有効に消火するために設けるもので、各製造所等に適応する消火設備が定められている。

第1種消火設備

・屋内消火栓設備
・屋外消火栓設備
　名称の真ん中が
　消火栓となっている。

第2種消火設備

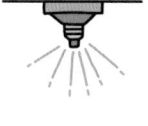

スプリンクラー設備
のみである。

第3種消火設備

・粉末消火設備
・泡消火設備
・ハロゲン化物消火設備
・不活性ガス消火設備
・水蒸気消火設備
　名称の最後が
　消火設備となっている。

第4種消火設備

消火粉末等を
放射する大型消火器

歩行距離
30m以下

歩行距離
20m以下

第5種消火設備

消火粉末等を
放射する小型消火器

・乾燥砂
・水バケツ
・膨張ひる石
・膨張真珠岩

図1　消火設備の種類

5 講 その2 消火器の効果など

虎の巻ポイント

❶ すべての火災（一般火災、油火災、電気火災）に使用できる消火器〔リン酸塩類〕の粉末消火器・〔霧状〕の強化液消火器の2種類。

❷ 危険物は、指定数量の〔10倍〕が1所要単位である。

❸ 製造所等の面積等に関係なく、消火設備が定められている施設

〔地下タンク〕貯蔵所 → 第5種の消火設備2個以上

〔移動タンク〕貯蔵所 → 自動車用消火器など2個以上

❹ 第4種消火設備は歩行距離〔30 m〕以下、第5種消火設備は〔20 m〕以下（距離に定めのある施設）に設置する。

❺ 警報設備は、指定数量の倍数が10以上の製造所等のうち、〔移動タンク貯蔵所〕のみ必要ない。

●所要単位

どのくらいの消火能力の消火設備が必要なのか、を定める単位。

1所要単位あたりの延べ面積等

製造所等の構造・危険物	耐火構造	不燃材料
製造所・取扱所	延べ面積 100 m²	延べ面積 50 m²
貯蔵所	〃 150 m²	〃 75 m²
危険物 （1所要単位）	指定数量 10 倍	

●警報設備の設置 （サイレンや発煙筒は入らない）

・自動火災報知設備
・消防機関に報知できる電話
・非常ベル装置
・拡声装置
・警鐘
サイレンや発煙筒は、
警報設備ではない。

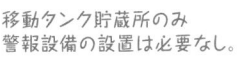

移動タンク貯蔵所のみ
警報設備の設置は必要なし。

図1 警報設備の種類

1学期 危険物に関する法令 1

実力テスト

[1] 危険物に関して、正しいものには○を、誤っているものには×をせよ。

1. 危険物とは、法別表第一の品名欄に掲げる物品で、同表に定める区分に応じ同表の性質欄に掲げる性状を有するものをいう。

2. 危険物は、温度20℃において気体のものがある。

3. 危険物の指定数量は、全国で同一である。

4. 指定数量とは、その危険性を勘案して政令で定める数量をいう。

5. 危険物は、燃焼性状に加算して、人体に対する毒性を勘案して定められている。

[2] 危険物に関して、正しいものには○を、誤っているものには×をせよ。

1. 特殊引火物とは、1気圧において、発火点が200℃以下のもの又は引火点が0℃以下で沸点が40℃以下のものをいう。

2. ジエチルエーテルと二硫化炭素は、特殊引火物に該当する。

3. 第1石油類とは、1気圧において引火点が21℃未満のものをいう。

4. クレオソート油は、第4石油類に該当する。

5. 第2類の危険物の性質は、可燃性固体である。

[3] 製造所等の区分と予防規程に関して、正しいものには○を、誤っているものには×をせよ。

1. 屋内貯蔵所とは、屋内の場所において危険物を貯蔵し、又は取り扱う貯蔵所をいう。

2. 第1種販売取扱所とは、店舗において容器入りのままで販売するため、指定数量の倍数が15以下の危険物を取り扱う取扱所をいう。

3. 予防規程を定めたときは、市町村長等の認可を受けなければならない。

4. 予防規程は、危険物保安監督者が定めなければならない。

5. 予防規程は、移送取扱所以外のすべての製造所等において定められていなければならない。

答えあわせ

[1] 危険物に関して、正しいものには○を、誤っているものには×をせよ。

○1. 危険物とは、法別表第一の品名欄に掲げる物品で、同表に定める区分に応じ同表の性質欄に掲げる性状を有するものをいう。

×2. 危険物は、温度20℃において気体のものがある。
（液体、固体であり、気体のものはない）

○3. 危険物の指定数量は、全国で同一である。

○4. 指定数量とは、その危険性を勘案して政令で定める数量をいう。

×5. 危険物は、燃焼性状に加算して、人体に対する毒性を勘案して定められている。
（危険物の確認に、毒性試験はない）

[2] 危険物に関して、正しいものには○を、誤っているものには×をせよ。

×1. 特殊引火物とは、1気圧において、発火点が 200℃（100℃）以下のもの又は引火点が 0℃（−20℃）以下で沸点が40℃以下のものをいう。

○2. ジエチルエーテルと二硫化炭素は、特殊引火物に該当する。

○3. 第1石油類とは、1気圧において引火点が21℃未満のものをいう。

×4. クレオソート油は、第4石油類（3）に該当する。

○5. 第2類の危険物の性質は、可燃性固体である。

[3] 製造所等の区分と予防規程に関して、正しいものには○を、誤っているものには×をせよ。

○1. 屋内貯蔵所とは、屋内の場所において危険物を貯蔵し、又は取り扱う貯蔵所をいう。

○2. 第1種販売取扱所とは、店舗において容器入りのままで販売するため、指定数量の倍数が15以下の危険物を取り扱う取扱所をいう。

○3. 予防規程を定めたときは、市町村長等の認可を受けなければならない。

×4. 予防規程は、危険物保安監督者が定めなければならない。
（所有者等が定める）

×5. 予防規程は、移送取扱所以外のすべての製造所等において定められていなければならない。
（定める必要のある製造所等➡製造・一般・屋内・屋外・屋外タンク＋給油・移送）

[4] 法令上、次の危険物を同一の貯蔵所で貯蔵する場合、指定数量の倍数はいくらになるか。

　　重　油　　　1,000L
　　ガソリン　　　400L
　　軽　油　　　　400L
　　メタノール　　800L
　　灯　油　　　　600L

1．3.0　　2．5.5　　3．7.0　　4．9.5　　5．10.5

[5] 法令上、次の危険物を同一場所で貯蔵する場合、指定数量の倍数が最も大きくなる組合せはどれか。

1．ガソリン　　200L　　　　軽　油　　500L
2．軽　油　1,000L　　　　重　油　1,000L
3．灯　油　　500L　　　　重　油　2,000L
4．ガソリン　100L　　　　重　油　3,000L
5．ガソリン　　50L　　　　灯　油　　800L

[6] 保安距離が必要な危険物施設は、次のうちいくつあるか。

　　製造所　　　給油取扱所　　　屋内貯蔵所　　　屋外タンク貯蔵所
　　販売取扱所

1．1つ　　2．2つ　　3．3つ　　4．4つ　　5．5つ

答えあわせ

[4] 法令上、次の危険物を同一の貯蔵所で貯蔵する場合、指定数量の倍数は
いくらになるか。

重　油　　1,000L ÷ 2,000L = 0.5 ┐
ガソリン　　400L ÷　　200L = 2.0 │
軽　油　　　400L ÷ 1,000L = 0.4 ├ 合計 5.5
メタノール　800L ÷　　400L = 2.0 │
灯　油　　　600L ÷ 1,000L = 0.6 ┘

1. 3.0　　○2. 5.5　　3. 7.0　　4. 9.5　　5. 10.5

[5] 法令上、次の危険物を同一場所で貯蔵する場合、指定数量の倍数が最も
大きくなる組合せはどれか。　　　　　　　　　　　合計

1. ガソリン　200L　1.0　軽　油　　500L　0.5　　1.5
2. 軽　油 1,000L　1.0　重　油 1,000L　0.5　　1.5
3. 灯　油　500L　0.5　重　油 2,000L　1.0　　1.5
○4. ガソリン　100L　0.5　重　油 3,000L　1.5　○2.0
5. ガソリン　50L　0.25　灯　油　800L　0.8　　1.05

[6] 保安距離が必要な危険物施設は、次のうちいくつあるか。

○製造所　　×給油取扱所　　○屋内貯蔵所　　○屋外タンク貯蔵所
×販売取扱所

1. 1つ　　2. 2つ　　○3. 3つ　　4. 4つ　　5. 5つ

[7] 保安距離、保有空地に関して、正しいものには○を、誤っているものには×をせよ。

1．製造所等は、病院との間に保安距離を保たなければならない。

2．販売取扱所には、保安距離が必要である。

3．製造所等は、重要文化財との間に50 m以上の距離を設けなければならない。

4．製造所等は、幼稚園との間に20 m以上の距離を設けなければならない。

5．一般取扱所、屋外貯蔵所、屋内貯蔵所には、保有空地が必要である。

[8] 消火設備に関して、正しいものには○を、誤っているものには×をせよ。

1．消火設備の種類は、第1種から第6種消火設備に区分されている。

2．乾燥砂は、第5種の消火設備である。

3．消火粉末を放射する大型消火器は、第4種の消火設備である。

4．粉末消火設備は、第2種の消火設備である。

5．地下タンク貯蔵所には、危険物の数量に関係なく第5種の消火設備（小型の消火器等）を2個以上設けなければならない。

[9] 消火設備に関して、正しいものには○を、誤っているものには×をせよ。

1．スプリンクラー設備は、第2種消火設備である。

2．ハロゲン化物消火設備は、第3種消火設備である。

3．屋内、屋外の消火栓は、第1種消火設備である。

4．危険物は、指定数量の100倍が1所要単位である。

5．警報設備の設置が義務づけられていないのは、移動タンク貯蔵所のみである。

答えあわせ

[7] 保安距離、保有空地に関して、正しいものには○を、誤っているものには×をせよ。

○1．製造所等は、病院との間に保安距離を保たなければならない。

×2．販売取扱所には、保安距離が<del>必要である</del>。
    ^{必要ない}

○3．製造所等は、重要文化財との間に50 m以上の距離を設けなければならない。

×4．製造所等は、幼稚園との間に<del>20 m</del>以上の距離を設けなければならない。
    ^{30m}

○5．一般取扱所、屋外貯蔵所、屋内貯蔵所には、保有空地が必要である。

[8] 消火設備に関して、正しいものには○を、誤っているものには×をせよ。

×1．消火設備の種類は、第1種から第<del>6</del>種消火設備に区分されている。
    ⁵

○2．乾燥砂は、第5種の消火設備である。

○3．消火粉末を放射する大型消火器は、第4種の消火設備である。

×4．粉末消火設備は、第<del>2</del>種の消火設備である。
    ³

○5．地下タンク貯蔵所には、危険物の数量に関係なく第5種の消火設備（小型の消火器等）を2個以上設けなければならない。

[9] 消火設備に関して、正しいものには○を、誤っているものには×をせよ。

○1．スプリンクラー設備は、第2種消火設備である。

○2．ハロゲン化物消火設備は、第3種消火設備である。

○3．屋内、屋外の消火栓は、第1種消火設備である。

×4．危険物は、指定数量の<del>100</del>倍が1所要単位である。
    ¹⁰

○5．警報設備の設置が義務づけられていないのは、移動タンク貯蔵所のみである。

6講 製造所

その1

虎の巻ポイント

❶建築物は〔地階〕を有しない。

❷壁、柱、床、はり、階段、及び屋根は、〔不燃〕材料で造る。

❸建築物の床は、危険物が浸透しない構造とし、適当な〔傾斜〕をつけ、ためますを設ける。

❹可燃性蒸気・微粉等は、屋外の〔高所〕に排出する設備を設ける。

❺高引火点危険物とは、引火点〔100℃〕以上の第4類の危険物をいう。

▶製造所とは、危険物を製造する施設のこと。

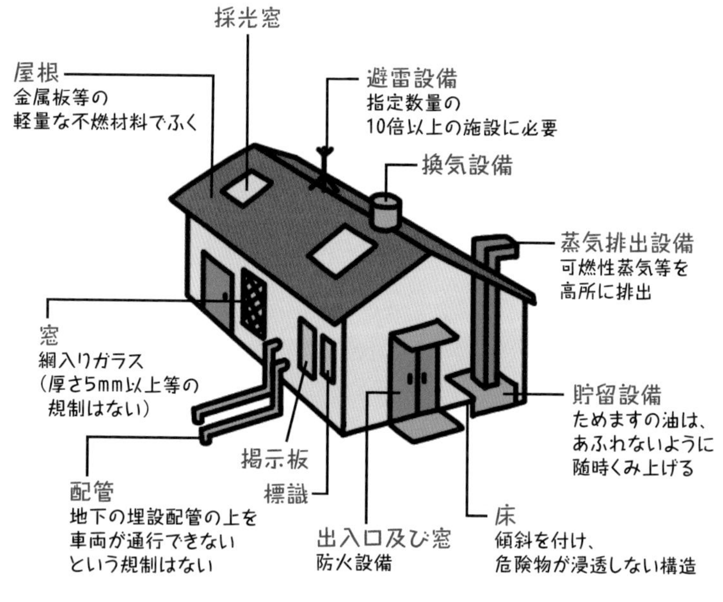

採光窓

屋根
金属板等の
軽量な不燃材料でふく

避雷設備
指定数量の
10倍以上の施設に必要

換気設備

蒸気排出設備
可燃性蒸気等を
高所に排出

窓
網入りガラス
（厚さ5mm以上等の
規制はない）

貯留設備
ためますの油は、
あふれないように
随時くみ上げる

配管
地下の埋設配管の上を
車両が通行できない
という規制はない

掲示板
標識

出入口及び窓
防火設備

床
傾斜を付け、
危険物が浸透しない構造

図1　製造所の設備

屋内貯蔵所

虎の巻ポイント

❶貯蔵倉庫は、軒までの高さが〔6ｍ〕未満の平屋建で、床は〔地盤面以上〕とする。

❷壁、柱及び床を耐火構造とし、〔天井〕を設けてはならない。

❸貯蔵倉庫の床は、危険物が〔浸透しない〕構造とし、適当な〔傾斜〕をつけ、ためますを設ける。

❹貯蔵は容器に収納し、危険物の温度は〔55℃〕を超えないこと。

❺ドラム缶等は規定の高さ以下であれば、〔積み重ねてよい〕。

▶屋内貯蔵所とは、屋内の場所において危険物を貯蔵し、又は取り扱う貯蔵所のこと。

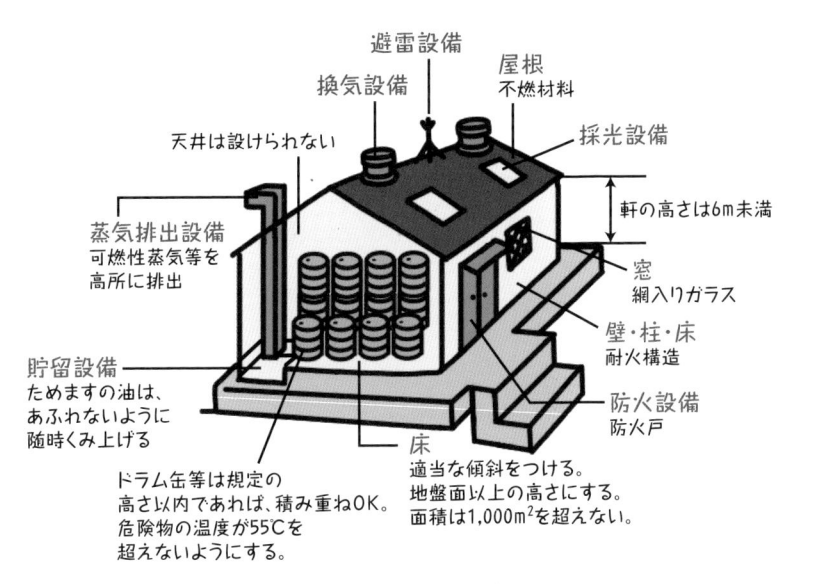

避雷設備
換気設備
屋根
不燃材料
天井は設けられない
採光設備
軒の高さは6ｍ未満
蒸気排出設備
可燃性蒸気等を
高所に排出
窓
網入りガラス
壁・柱・床
耐火構造
貯留設備
ためますの油は、
あふれないように
随時くみ上げる
防火設備
防火戸
ドラム缶等は規定の
高さ以内であれば、積み重ねOK。
危険物の温度が55℃を
超えないようにする。
床
適当な傾斜をつける。
地盤面以上の高さにする。
面積は1,000㎡を超えない。

図1　屋内貯蔵所の設備

虎の巻ポイント

❶タンクの容量は、指定数量の〔40倍〕以下。

第4石油類、動植物油類以外の第4類は、〔20,000L〕以下。

同一のタンク室に2つ以上のタンクがある場合は、タンク容量を〔合計〕した量。

❷タンク専用室の床は、危険物が〔浸透しない〕構造で、適当な〔傾斜〕をつける。

❸平屋建以外（2階等）に設ける屋内タンク貯蔵所は、〔窓〕を設けられない。

▶屋内タンク貯蔵所とは、屋内にあるタンクにおいて危険物を貯蔵し、又は取り扱う貯蔵所のこと。

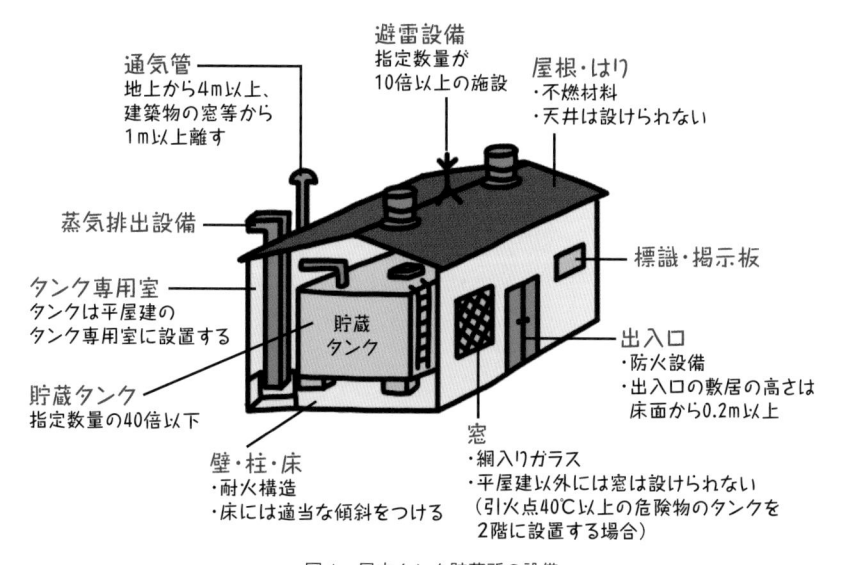

避雷設備
指定数量が
10倍以上の施設

屋根・はり
・不燃材料
・天井は設けられない

通気管
地上から4m以上、
建築物の窓等から
1m以上離す

蒸気排出設備

タンク専用室
タンクは平屋建の
タンク専用室に設置する

貯蔵タンク
指定数量の40倍以下

標識・掲示板

出入口
・防火設備
・出入口の敷居の高さは
床面から0.2m以上

窓
・網入りガラス
・平屋建以外には窓は設けられない
（引火点40℃以上の危険物のタンクを
2階に設置する場合）

壁・柱・床
・耐火構造
・床には適当な傾斜をつける

貯蔵
タンク

図1　屋内タンク貯蔵所の設備

20

屋外貯蔵所

虎の巻ポイント

❶貯蔵できる危険物

　第2類の〔硫黄〕、〔引火性固体〕（引火点0℃以上のもの）、

　第4類の第1石油類で引火点〔0℃〕以上のもの、アルコール類、

　第2石油類〔灯油、軽油〕、第3石油類〔重油〕、第4石油類、

　動植物油類等

❷貯蔵できない危険物

　〔特殊引火物〕、〔ガソリン〕、アセトン、〔ナトリウム〕、

　硫化りん、過酸化水素等

▶屋外貯蔵所とは、屋根がなく、柵で区画した屋外の場所で、危険物を貯蔵し

　又は取り扱う貯蔵所のこと。

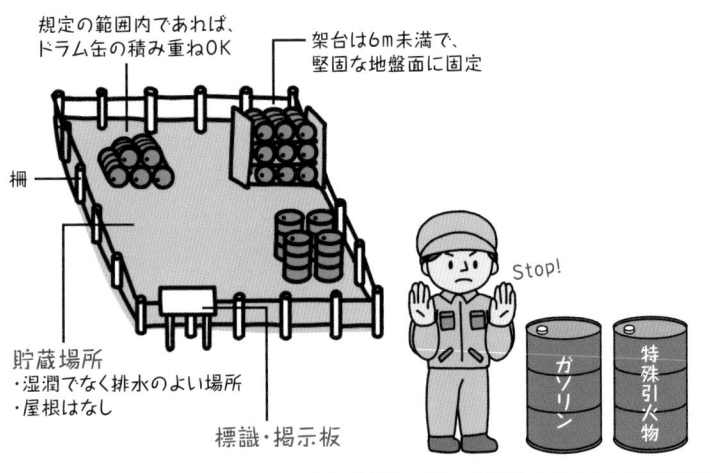

規定の範囲内であれば、
ドラム缶の積み重ねOK

架台は6m未満で、
堅固な地盤面に固定

柵

貯蔵場所
・湿潤でなく排水のよい場所
・屋根はなし

標識・掲示板

Stop!

ガソリン

特殊引火物

第1石油類で、引火点が0℃未満のものは貯蔵できない
└→ガソリン（引火点−40℃以下）、アセトン（−20℃）

図1　屋外貯蔵所の設備

屋外タンク貯蔵所

虎の巻ポイント

❶〔液体〕の危険物（二硫化炭素を除く）の屋外貯蔵タンクの周囲には、〔防油堤〕を設ける。

❷防油堤の水抜口は通常〔閉鎖〕しておき、滞水した場合は弁を〔開き〕速やかに排出する（滞油した場合は、回収する）。

❸防油堤の容量はタンク容量の〔110％（1.1倍）〕以上とし、2つ以上のタンクがある場合は、〔最大タンクの110％〕以上とする。

▶屋外タンク貯蔵所とは、屋外にあるタンクにおいて危険物を貯蔵し、又は取り扱う貯蔵所である。

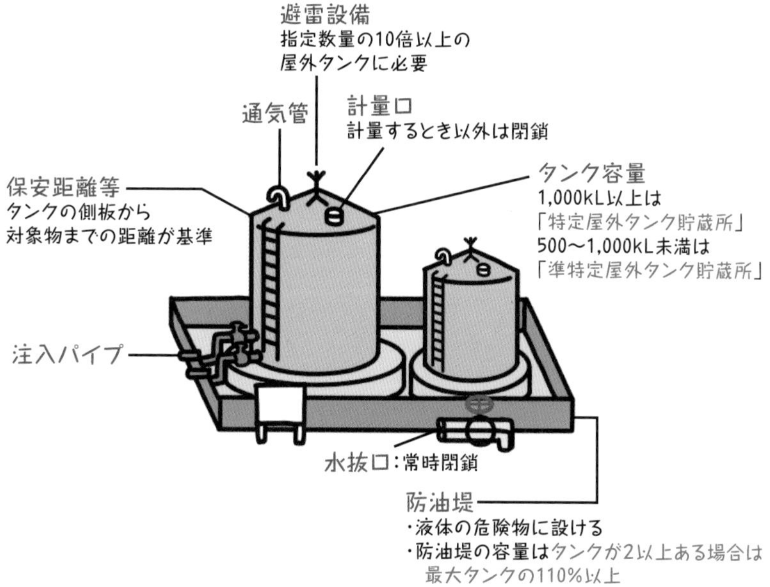

避雷設備
指定数量の10倍以上の
屋外タンクに必要

通気管

計量口
計量するとき以外は閉鎖

保安距離等
タンクの側板から
対象物までの距離が基準

タンク容量
1,000kL以上は
「特定屋外タンク貯蔵所」
500〜1,000kL未満は
「準特定屋外タンク貯蔵所」

注入パイプ

水抜口：常時閉鎖

防油堤
・液体の危険物に設ける
・防油堤の容量はタンクが2以上ある場合は
　最大タンクの110％以上
・鉄筋コンクリート又は土で造る

図1　屋外タンク貯蔵所の設備

地下タンク貯蔵所

虎の巻ポイント

❶地下貯蔵タンクには、〔通気管〕又は〔安全装置〕を設ける。

❷タンクの周囲には、危険物の漏れを検知する〔漏えい検査管〕を設ける。

❸液体の危険物の注入口は、〔屋外〕に設ける。

❹地下貯蔵タンクの頂部は、〔0.6 m〕以上地盤面より下にする。

▶地下タンク貯蔵所とは、地盤面下に埋設されているタンクにおいて危険物を貯蔵し、又は取り扱う貯蔵所のこと。

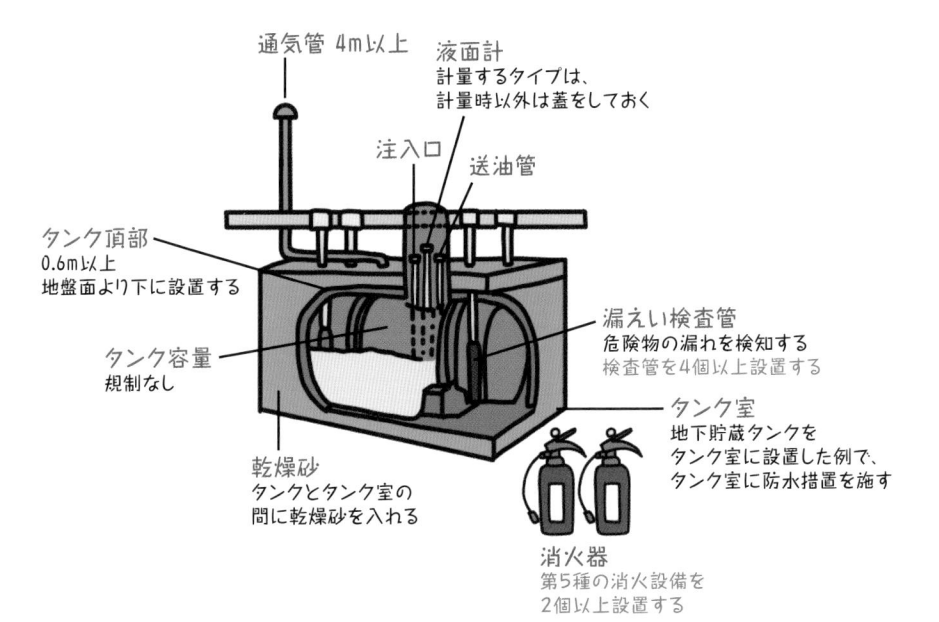

通気管 4m以上

液面計
計量するタイプは、
計量時以外は蓋をしておく

注入口

送油管

タンク頂部
0.6m以上
地盤面より下に設置する

タンク容量
規制なし

漏えい検査管
危険物の漏れを検知する
検査管を4個以上設置する

タンク室
地下貯蔵タンクを
タンク室に設置した例で、
タンク室に防水措置を施す

乾燥砂
タンクとタンク室の
間に乾燥砂を入れる

消火器
第5種の消火設備を
2個以上設置する

図1　地下タンク貯蔵所の設備

簡易タンク貯蔵所

虎の巻ポイント

❶ 屋外に設置する場合は、〔1m〕以上の保有空地が必要。

❷ タンクは1基〔600L〕以下とし、〔3基〕まで設置できる。

　同一品質の危険物は〔2基〕以上設置できない。

❸ 容易に移動しないように〔地盤面〕、架台等に固定する。

❹ 簡易タンクには〔通気管〕を設け、常に〔開放〕しておく。

▶ 簡易タンク貯蔵所とは、簡易タンクにおいて危険物を貯蔵し、又は取り扱う施設のこと。

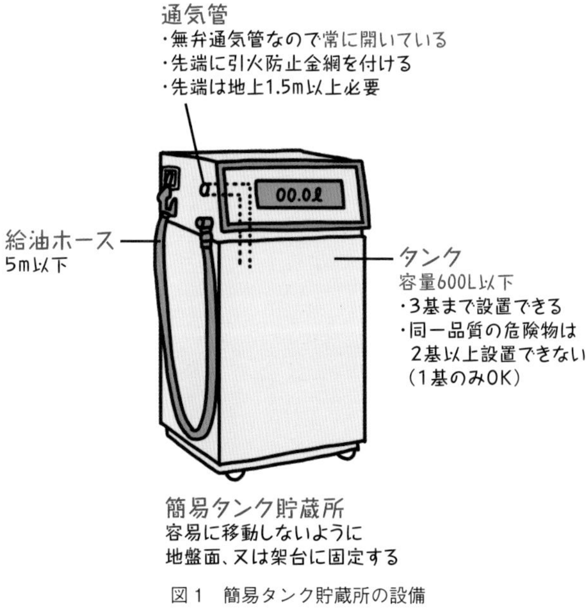

通気管
・無弁通気管なので常に開いている
・先端に引火防止金網を付ける
・先端は地上1.5m以上必要

給油ホース
5m以下

タンク
容量600L以下
・3基まで設置できる
・同一品質の危険物は
　2基以上設置できない
　（1基のみOK）

簡易タンク貯蔵所
容易に移動しないように
地盤面、又は架台に固定する

図1　簡易タンク貯蔵所の設備

6講 その8-1 給油取扱所

虎の巻ポイント

❶給油のための給油空地は、間口〔10 m〕以上、奥行〔6 m〕以上が必要。

❷自動車等に給油するときは、〔固定〕給油設備を使用して〔直接給油〕する。

❸給油するときは、自動車のエンジンを〔停止〕して行う。

❹給油空地からはみ出たままで〔給油〕しない。

❺給油取扱所に設けることができない建築物は、〔遊技場〕、診療所、〔立体駐車場〕等である。

❻屋内給油取扱所には、〔病院〕・〔幼稚園〕等は設置できない。

▶給油取扱所とは、固定給油設備によって、自動車等の燃料タンクに直接給油するための施設のこと。

図1　給油取扱所の設備

給油取扱所に併設が可能な施設
コンビニ、レストラン、展示場、
所有者等が居住する住居（従業員はダメ）

移動タンク貯蔵所
荷下ろしをしているときは、
関係するタンクからの給油はダメ

間口10m以上

洗車機

灯油注油設備

通気管

地上4m以上

防火塀
地上2m以上

奥行6m以上

給油空地

専用タンク注入口

地下専用タンク
容量規制なし

固定給油設備
計量器のホースは5m以下

油分離装置
油分は随時くみ上げる

漏れた危険物が浸透しない舗装をする

1　学期　危険物に関する法令

セルフスタンド

虎の巻ポイント

❶顧客は、〔顧客用〕固定給油設備でしか給油できない。

❷制御卓（コントロール室）では、顧客の給油作業等を直視等により〔監視〕する。

❸放送機器等を用いて、顧客に必要な〔指示〕等をする。

❹地盤面に車両の〔停車位置〕、容器の置き場所等を表示する。

▶セルフスタンドとは、顧客が自ら顧客用固定給油設備を使用して車に給油する施設のこと。

セルフスタンドに必要な表示
・顧客用固定給油設備以外の給油設備は使用禁止の表示
・ガソリン等の品目の表示
・セルフスタンドの表示
・車両の停車位置
・給油設備の使用方法

セルフスタンドに不必要な表示
・車両の進入路
・営業時間

図1　セルフスタンドの設備

6講 その9 販売取扱所

虎の巻ポイント

❶販売取扱所は〔容器入り〕のままで販売し、小分けはできない。

❷店舗は建築物の〔1階〕に設ける（2階には設置できない）。

❸第1種販売取扱所は指定数量の倍数が〔15以下〕、第2種は〔15を超え40以下〕である。

▶販売取扱所とは、店舗において容器入りのままで販売するため危険物を取り扱う施設のこと。

窓
・網入りガラス
・第1種は窓を設けられる
・第2種は、延焼のおそれのない部分に限り窓を設けられる

配合室
・床面積は6m²以上10m²以下
・床は危険物が浸透しない構造で適当な傾斜を付ける
・出入口の敷居の高さは0.1m以上
・蒸気等の排出設備を設ける

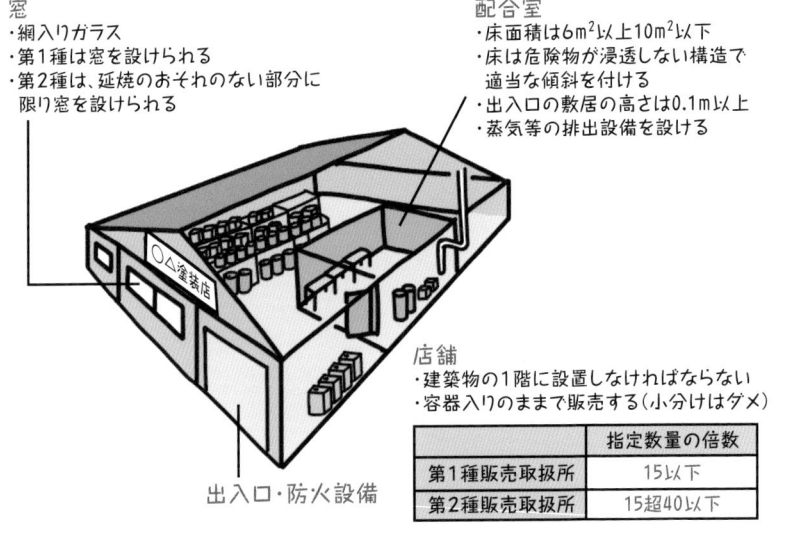

出入口・防火設備

店舗
・建築物の1階に設置しなければならない
・容器入りのままで販売する（小分けはダメ）

	指定数量の倍数
第1種販売取扱所	15以下
第2種販売取扱所	15超40以下

図1　販売取扱所の設備

1 学期　危険物に関する法令

標識・掲示板など

虎の巻ポイント

❶製造所等の標識は、幅0.3m以上、長さ0.6m以上。地は白色、文字は黒色。

❷掲示板で火気厳禁と表示する危険物は、第2類の〔引火性固体〕、〔第4類〕すべて及び〔第5類〕すべて。

❸第4類の危険物を貯蔵する地下タンク貯蔵所等には、〔火気厳禁〕と表示した掲示板を設ける。

▶製造所等には、危険物の製造所であることを示す標識及び防火に必要な事項を掲示した掲示板を設ける必要がある。

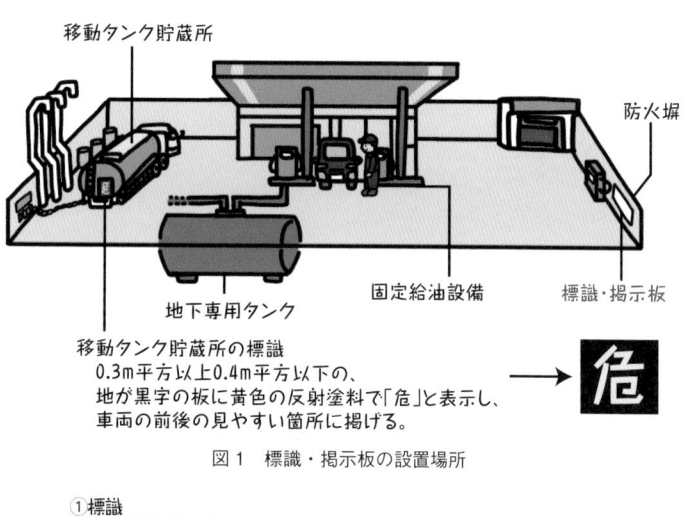

移動タンク貯蔵所

防火塀

地下専用タンク

固定給油設備

標識・掲示板

移動タンク貯蔵所の標識
0.3m平方以上0.4m平方以下の、
地が黒字の板に黄色の反射塗料で「危」と表示し、
車両の前後の見やすい箇所に掲げる。

図1　標識・掲示板の設置場所

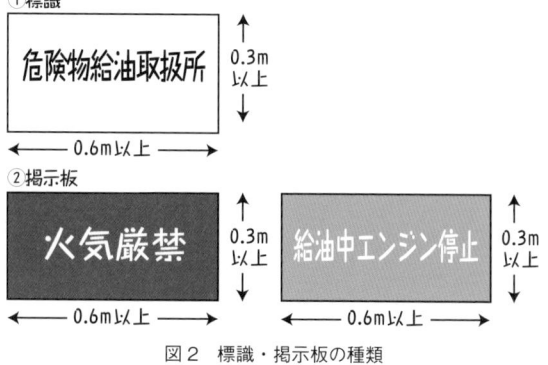

① 標識

危険物給油取扱所

0.3m
以上

← 0.6m以上 →

② 掲示板

火気厳禁

0.3m
以上

← 0.6m以上 →

給油中エンジン停止

0.3m
以上

← 0.6m以上 →

図2　標識・掲示板の種類

製造所等の容量制限など

虎の巻ポイント

❶屋内タンク貯蔵所は、指定数量の〔40倍〕以下。

　ただし、第4石油類、動植物油類以外の第4類は、〔20,000L〕以下。

❷簡易タンク貯蔵所は、〔600L〕以下でタンクは〔3基〕以内。

❸移動タンク貯蔵所は、〔30,000L〕以下。

❹第1種販売取扱所は指定数量の倍数が〔15以下〕で、第2種販売取扱所は指定数量の倍数が〔15を超え40以下〕。

❺高引火点危険物とは、引火点が〔100℃〕以上の第4類の危険物をいう。

タンク容量は、指定数量の40倍以下。
ただし、第4石油類、動植物油類以外の
第4類は、20,000L以下

図1　屋内タンク貯蔵所

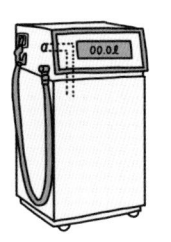

タンク容量は600L以下で、3基まで設置できる。
同一品質の危険物は、2基以上設置できない
（1基のみOK）

図2　簡易タンク貯蔵所

タンク容量は30,000L以下

図3　移動タンク貯蔵所

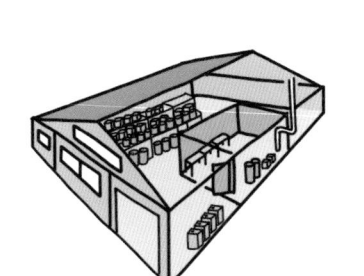

	指定数量の倍数
第1種販売取扱所	15以下
第2種販売取扱所	15超40以下

図4　販売取扱所

製造所等の設置・変更許可・申請手続き

虎の巻ポイント

❶製造所等を〔設置〕又は変更するときは、〔市町村長〕等の〔許可〕を受けてから工事に着工する。

❷消防本部等の設置がなければ、〔都道府県知事〕から許可を受ける。

❸製造所等の工事終了後は、必ず〔完成検査〕を受けてから使用する。

❹液体のタンクを設置又は変更するときは、完成検査を受ける前に〔完成検査前検査〕を受けなければならない。

▶製造所等の各種申請手続きは、消防法で定められたもので、危険物施設を安全に稼働させるため。

手続事項		内　　容	申　請　先
許可	設置	製造所等を設置	市町村長等
	変更	製造所等の位置、構造又は設備の変更	
承認	仮貯蔵 仮取扱い	指定数量以上の危険物を10日以内の期間、仮に貯蔵し、又は取り扱う場合	所轄消防長 又は消防署長
	仮使用	変更部分以外の全部又は一部を仮に使用する場合	市町村長等
認可		予防規程を作成又は変更する場合	市町村長等
届出		①危険物の品名、数量又は指定数量の倍数の変更（10日前まで）②製造所等の譲渡又は引渡　　　　　　　　　　（遅滞なく）③製造所等の用途の廃止　　　　　　　　　　　　（遅滞なく）④危険物保安統括管理者の選任又は解任　　　　　（遅滞なく）⑤危険物保安監督者の選任又は解任　　　　　　　（遅滞なく）	市町村長等

工事終了後には完成検査を受けて合格し、完成検査済証が出てから使用して下さいね！

変更の許可が出てから、工事を始めて下さいね！

変更 工事中

市長村長等　　所有者等

図1　設置（変更）許可の前に工事はできない

仮貯蔵・仮取扱いと仮使用

虎の巻ポイント

❶ 仮貯蔵・仮取扱いとは、〔所轄消防長〕又は消防署長の〔承認〕を受けて、指定数量以上の危険物を〔10日〕以内の期間、仮に貯蔵し、又は取り扱うこと。

❷ 仮使用とは、製造所等の施設の一部について変更の工事を行う場合、変更の工事に係る部分〔以外〕の全部又は一部を〔市町村長等〕の〔承認〕を受けて使用すること。

▶ 仮貯蔵・仮取扱いとは、法令上、製造所等の許可を受けていなくても、指定数量以上の危険物を仮に貯蔵し、又は取り扱うことができる制度。

▶ 仮使用とは、例えば、ガソリンスタンドで洗車機を入れ替える際に、工事をする洗車機以外の全部を使用して営業ができる制度のこと。

図1　仮貯蔵・仮取扱い

図2　仮使用

虎の巻ポイント

❶危険物の品名、数量又は指定数量の倍数変更は、〔10日〕前までに〔市町村長等〕に届け出る。

❷製造所等の〔用途を廃止〕したときは、〔遅滞〕なく〔市町村長等〕に届け出る。

❸製造所等の譲渡又は引渡があったときは、譲受人は元の所有者の〔地位を継承〕し、〔遅滞〕なく市町村長等に届け出る。

❹危険物保安統括管理者・危険物保安監督者を選任又は解任したときは、〔遅滞〕なく市町村長等に届け出る。

❺届け出る必要がないのは、〔危険物施設保安員〕を定めたとき、製造所等の〔定期点検〕を実施したとき等である。

▶届出は5項目（p30参照）あるが、品名・数量又は指定数量の倍数の変更は10日前までに、他の4項目は遅滞なく届け出る。

地下タンクの油種を灯油からガソリンへ変更する場合

地下タンクを灯油からガソリンに変更すると、品名と指定数量の倍数が変わるので、10日前までに届け出て下さいね！

市町村長等　　　所有者等

図1　危険物の品名、数量又は指定数量の倍数の変更（10日前まで）

屋外タンク貯蔵所の
譲渡又は引渡

屋外タンク貯蔵所の
引き渡しがありましたので、
書類を提出します。

市町村長等

新所有者（譲受人）
・元の所有者の地位を継承する
・遅滞なく市町村長等に届け出る

図2　製造所等の譲渡又は引渡（遅滞なく届け出る）

「製造所で危険物施設保安員を定めたとき」や
「定期点検を実施したとき」も、
届け出る必要はないですよ！

市町村長等

所有者

図3　届け出る必要がない場合

8講 その1 許可の取り消し又は使用停止命令

虎の巻ポイント

❶製造所等の位置、構造、設備を〔無許可〕で変更したとき。

❷完成検査済証の〔交付前〕に使用したとき、又は〔仮使用〕の〔承認〕を受けないで使用したとき。

❸位置、構造、設備に係る〔措置〕命令に違反したとき。

❹定期点検の〔実施〕、〔記録〕の作成、〔保存〕がされていないとき。

❺政令で定める屋外タンク貯蔵所又は移送取扱所の〔保安の検査〕を受けないとき。

▶危険物施設は上記等の法令に違反すると、許可の取り消し、又は使用停止命令を受けることがある。

変更許可前に工事を始めると、許可の取り消しになりますよ!

所有者等　市町村長等

図1　無許可変更

完成検査前に、タンクに危険物を入れたらダメだ!

危険物の注入OK

作業者（所有者等）　消防職員（市町村長等）

図2　完成検査前の使用

保安距離 30m以上必要

製造所　15mしかない…　小学校

所定の期間までに、保安距離を法定の30m以上にできなかったため、許可の取り消しを命じる!

所有者等　市町村長等

図3　措置命令違反

点検を実施しても、点検記録に記載がないと実施していないのと同じなので、許可の取り消しになりますよ!

所有者等　市町村長等

図4　定期点検違反

使用停止命令

虎の巻ポイント

❶危険物の貯蔵、取扱い基準の〔遵守命令〕に違反したとき。

❷危険物保安統括管理者を〔定めていない〕、又は危険物の保安に関する業務を〔統括管理〕させていないとき。

❸〔危険物保安監督者〕を定めていない、又は保安の監督をさせていないとき。

❹危険物保安統括管理者、危険物保安監督者の〔解任命令〕に違反したとき。

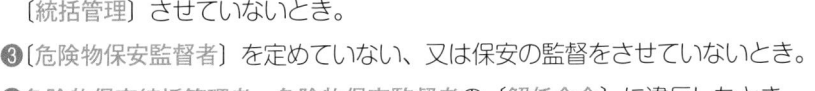

立ち会い無しで給油させては
ダメだと言ったじゃないですか！
遵守命令違反は、所有者の責任ですよ！

無資格者

作業者

所有者等　消防署職員
（市町村長等）

図1　遵守命令に違反

危険物保安
統括管理者は、
どなたですか？

まだ、未選任です

所有者等　市町村長等

図2　危険物保安統括管理者の未選任

前回の事故は、危険物保安監督者に
保安の監督をさせていないために
起きた事故と判明しました。よって、
6か月間の使用停止を命じます！

所有者等　市町村長等

図3　危険物保安監督者に保安の監督をさせていない

危険物保安監督者が
1名なので、解任
できませんでした…

解任命令違反なので、
3か月間の使用停止を
命じます！

危険物
保安監督者　所有者等　市町村長等

図4　危険物保安監督者等の解任命令に違反

8講 その3　「許可の取り消し又は使用停止命令」に該当しないもの

虎の巻ポイント

- ●許可の取り消しに該当しないもの
  - ❶危険物保安監督者を定めなければならない施設で、その者を〔定めていない〕とき。
  - ❷危険物保安監督者を定めていたが、その者に〔保安の監督〕をさせていないとき。
- ●免状関連・届出関連、その他で、使用停止命令に該当しないもの
  - ❶危険物保安監督者又は危険物取扱者が、免状の〔返納命令〕を受けたとき、〔保安講習〕を受けていないとき、免状の〔書換え〕をしていないとき。
  - ❷危険物保安監督者を定めていたが、市町村長等への〔届出〕を怠ったとき。
- ●許可の取り消しや使用停止命令に該当しないもの
  - ❶危険物取扱者等の立ち会いがない状態で、危険物取扱者以外の者が、危険物の取扱作業を行ったとき。

8講 その4　その他の各種命令

虎の巻ポイント

- ❶危険物保安監督者がその責務を怠っているとき、
  「危険物取扱作業の保安に関する講習の受講命令」は誤り。
  〔危険物保安監督者の解任命令〕が正しい。
- ❷市長村長等から製造所等の修理、改造又は移転命令を受けるのは、
  〔製造所等の位置、構造又は設備が法令に定める技術上の基準に適合していないとき〕。
- ❸許可を受けないで製造所等の位置、構造又は設備を変更したときは、
  「仮使用承認申請」は誤り。
  〔許可の取り消し又は使用命令を受ける〕が正しい。

虎の巻ポイント

❶製造所等の〔所有者等〕は、その位置、構造及び設備が〔技術上〕の基準に適合しているか否かを定期に点検し、その点検〔記録〕を作成し、一定の期間〔保存〕することが義務づけられている。

❷定期点検は〔1年〕に1回以上で、点検記録の保存期間は〔3年間〕である。

❸指定数量に関係なく必要な実施対象施設は、〔地下タンク貯蔵所〕、〔移動タンク貯蔵所〕、給油取扱所（地下タンクを有するもの）等の施設である。

❹点検実施者は、〔危険物取扱者〕、〔危険物施設保安員〕及び危険物取扱者の立会いを受けた〔危険物取扱者以外の者〕である。

❺地下貯蔵タンク、地下埋設配管及び移動貯蔵タンクの〔漏れの点検〕は、点検の方法に関する〔知識及び技能を有する者〕が行わなければならない。

▶製造所等は定期に点検し、技術上の基準を維持する必要がある。このために定期点検が定められている。

●指定数量に関係なく定期点検が必要な施設等

①製造所（地下タンクを有するもの）

②給油取扱所（地下タンクを有するもの）

③地下タンク貯蔵所　　④移動タンク貯蔵所

地上から漏れているのがわからないので危険　　走行中に漏れると大事故になるおそれがある

図1　点検が必要な施設等

●定期点検が必要ないのは３施設

簡易タンク貯蔵所　屋内タンク貯蔵所　販売取扱所

図２　点検が不要な施設

立会い者
危険物取扱者
危険物施設保安員
無資格者
立会い者
危険物取扱者
甲種、乙種、丙種
・資格がなくてもOK
・立会いはできない
無資格者は、甲種、乙種、丙種の
立会いが必要

図３　点検ができる者

配管の漏れなし OK!
無資格者
立会い者
丙種危険物
取扱者
・定期点検は、1年に1回以上行う必要がある
・甲種、乙種及び丙種危険物取扱者は、
無資格者の定期点検に立ち会うことができる

図４　点検は１年に１回以上行う

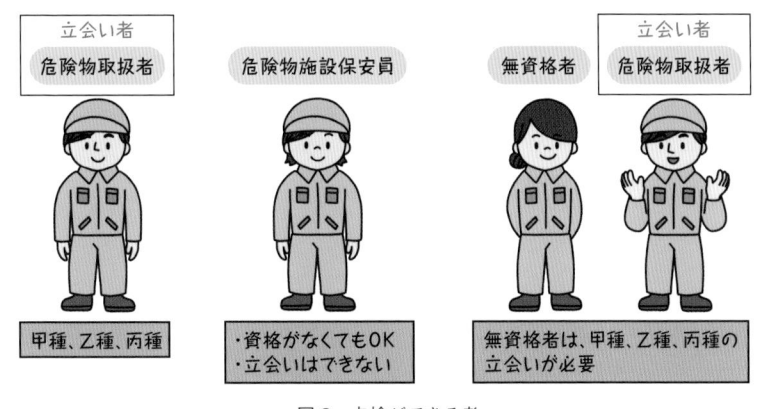

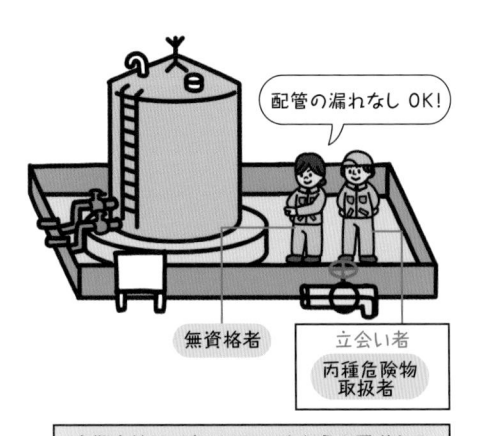

点検は、結果を記録することが大切！
点検の記録は、3年間の保存が
義務づけられているんだよ！

無資格者

立会い者
丙種危険物
取扱者

点検の結果を市町村長等や
所轄消防長等に報告する義務はない

図5　点検記録は3年間保存する

地下貯蔵タンク等の漏れの点検は、危険物取扱者以外の者でも行える。
ただし、危険物取扱者の立会いがあり、「点検の方法に関する知識及び技能を有する者
（地下貯蔵タンク等の漏れの点検に関する技能講習修了者）」であればOK。

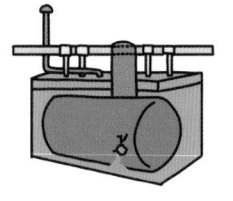

地下埋設配管

地下貯蔵タンク

地下埋設配管

移動貯蔵タンク

・点検は1年を超えない日までの
　間に1回以上
・点検記録は3年間保存

・点検は1年を超えない日までの
　間に1回以上
・点検記録は3年間保存

・点検は5年を超えない
　日までの間に1回以上
・点検記録は10年間保存

図6　地下貯蔵タンクなどの漏れの点検

実力テスト

[10] 製造所等に関して、正しいものには○を、誤っているものには×をせよ。

1. 配管を地下に埋設する場合には、接合部分のないものでなければならない。また、その上部の地盤面を車両等が通行しない位置としなければならない。

2. 屋外タンク貯蔵所で液体の危険物（二硫化炭素を除く）を貯蔵するものは、すべて防油堤を設けなければならない。

3. 防油堤の容量は、タンク容積の110％以上とし、2以上のタンクがある場合は、最大タンクの110％以上としなければならない。

4. 積載式以外の移動貯蔵タンクの容量は、50,000L以下であること。

5. 移動タンク貯蔵所に備え付けておく書類に、危険物保安監督者の選任・解任の届出書は、該当しない。

[11] 製造所等に関して、正しいものには○を、誤っているものには×をせよ。

1. 特殊引火物、自動車ガソリンは、屋外貯蔵所に貯蔵できる。

2. 屋内給油取扱所に幼稚園、病院は、併設できる。

3. 販売取扱所は、指定数量の倍数が15倍以下の第1種販売取扱所と、15倍を超え40倍以下の第2種販売取扱所に区分される。

4. 高引火点危険物とは、引火点が130℃以上の第4類の危険物をいう。

5. 第4類の危険物を貯蔵する地下タンク貯蔵所には、「取扱注意」と表示した掲示板を設けなければならない。

答えあわせ

[10] 製造所等に関して、正しいものには○を、誤っているものには×をせよ。

× 1. 配管を地下に埋設する場合には、~~接合部分のないもの~~でなければならない。また、その上部の~~地盤面を車両等が通行しない位置~~としなければならない。
（接合部分が溶接してあればOK）
（地盤面の重量が配管にかからないように保護してあれば OK）

○ 2. 屋外タンク貯蔵所で液体の危険物（二硫化炭素を除く）を貯蔵するものは、すべて防油堤を設けなければならない。

○ 3. 防油堤の容量は、タンク容積の 110％以上とし、2 以上のタンクがある場合は、最大タンクの 110％以上としなければならない。

× 4. 積載式以外の移動貯蔵タンクの容量は、~~50,000~~ L 以下であること。
（30,000）

○ 5. 移動タンク貯蔵所に備え付けておく書類に、危険物保安監督者の選任・解任の届出書は、該当しない（必要ないと同じ意味である）。

[11] 製造所等に関して、正しいものには○を、誤っているものには×をせよ。

× 1. 特殊引火物、自動車ガソリンは、屋外貯蔵所に~~貯蔵できる~~。
（引火点等の規定で、貯蔵できない）

× 2. 屋内給油取扱所に幼稚園、病院は、~~併設できる~~。
（併設できない）

○ 3. 販売取扱所は、指定数量の倍数が 15 倍以下の第 1 種販売取扱所と、15 倍を超え 40 倍以下の第 2 種販売取扱所に区分される。

× 4. 高引火点危険物とは、引火点が ~~130~~℃以上の第 4 類の危険物をいう。
（100）

× 5. 第 4 類の危険物を貯蔵する地下タンク貯蔵所には、「~~取扱注意~~」と表示した掲示板を設けなければならない。
（「火気厳禁」）

1 学期 危険物に関する法令

41

実力テスト

[12] **各種申請等の手続きに関して、正しいものには○を、誤っているものには×をせよ。**

1. 製造所等の設置・変更をする場合は、市町村長等の許可を受けなければならない。
2. 市町村長等に設備変更を申請すれば、同時に工事に着工することができる。
3. 製造所等の位置、構造又は設備を変更するときは、所轄消防長又は消防署長に届け出なければならない。
4. 指定数量以上の危険物は、いかなる場合でも、製造所等以外の場所でこれを貯蔵し、又は取り扱ってはならない。
5. 製造所等の設置・変更の工事完了後には、必ず市町村長等が行う完成検査を受けなければならない。

[13] **各種申請等の手続きに関して、正しいものには○を、誤っているものには×をせよ。**

1. 変更許可を受ける前に工事に着手することは認められない。
2. 製造所等以外の場所で指定数量以上の危険物を仮に貯蔵する場合は、所轄消防長又は消防署長の承認を受けなければならない。
3. 仮使用とは、製造所等の変更の工事に係る部分以外の全部又は一部を、市町村長等の承認を受けて、完成検査前に仮に使用することをいう。
4. 製造所等の位置、構造又は設備を変更しないで、貯蔵し又は取り扱う危険物の品名、数量又は指定数量の倍数を変更しようとするときは、10日前までに市町村長等に届け出なければならない。
5. 製造所等の定期点検を実施したときは、市町村長等に届け出なければならない。

[12] 各種申請等の手続きに関して、正しいものには○を、誤っているものには×をせよ。

○1. 製造所等の設置・変更をする場合は、市町村長等の許可を受けなければならない。

×2. 市町村長等に設備変更を申請すれば、~~同時に工事に着工することができる~~。
（変更許可を受けてから工事に着工することができる）

×3. 製造所等の位置、構造又は設備を変更するときは、~~所轄消防長又は消防署長に届け出なければならない~~。
（市町村長等の許可を受けなければならない）

×4. 指定数量以上の危険物は、~~いかなる場合でも、製造所等以外の場所でそれを貯蔵し、又は取り扱ってはならない~~。
（所轄消防長又は消防署長の承認を受ければ、貯蔵・取扱いができる）

○5. 製造所等の設置・変更の工事完了後には、必ず市町村長等が行う完成検査を受けなければならない。

[13] 各種申請等の手続きに関して、正しいものには○を、誤っているものには×をせよ。

○1. 変更許可を受ける前に工事に着手することは認められない。

○2. 製造所等以外の場所で指定数量以上の危険物を仮に貯蔵する場合は、所轄消防長又は消防署長の承認を受けなければならない。

○3. 仮使用とは、製造所等の変更の工事に係る部分以外の全部又は一部を、市町村長等の承認を受けて、完成検査前に仮に使用することをいう。

○4. 製造所等の位置、構造又は設備を変更しないで、貯蔵し又は取り扱う危険物の品名、数量又は指定数量の倍数を変更しようとするときは、10日前までに市町村長等に届け出なければならない。

×5. 製造所等の定期点検を実施したときは、市町村長等に~~届け出なければならない~~。
（届け出る必要はない）

[14] 製造所等の許可の取り消し等に関して、正しいものには○を、誤っているものには×をせよ。

1．危険物保安監督者を定めなければならない製造所等において、その者に保安の監督をさせていないときは、許可の取り消しに該当する。

2．定期点検を行わなければならない製造所等において、点検をせず、点検記録を作成せず、これを保存しなかったときは、許可の取り消しに該当する。

3．製造所等で危険物の取扱作業に従事している危険物取扱者が、免状の返納命令を受けたときは、使用停止命令に該当する。

4．移動タンク貯蔵所の危険物取扱者が、危険物の取扱作業の保安に関する講習を受けていないときは、使用停止命令に該当する。

5．製造所等における危険物の貯蔵及び取扱いを休止し、その旨の届け出を怠っているときは、使用停止命令に該当しない。

[15] 製造所等の許可の取り消し等に関して、正しいものには○を、誤っているものには×をせよ。

1．製造所等の危険物保安監督者がその責務を怠っているときは、市町村長等から危険物の取扱作業の保安に関する講習の受講命令を受ける。

2．製造所等の位置、構造及び設備が、法令に定める技術上の基準に適合していないときは、市町村長等から製造所等の修理、改造又は移転を命ぜられる。

3．危険物保安監督者を定めなければならない製造所等において、危険物保安監督者の未選任の場合は、市町村長等から許可の取り消しを命ぜられる。

4．危険物保安監督者を定めたときの届け出を怠ったときは、製造所等の使用停止を命ぜられる。

5．危険物保安監督者の解任命令に違反したときは、製造所等の所有者等は市町村長等から使用停止命令を受ける。

答えあわせ

[14] 製造所等の許可の取り消し等に関して、正しいものには○を、誤って
　　いるものには×をせよ。

× 1. 危険物保安監督者を定めなければならない製造所等において、その者に
　　保安の監督をさせていないときは、~~許可の取り消し~~に該当する。
　　　　　　　　　　　　　　使用停止命令

○ 2. 定期点検を行わなければならない製造所等において、点検をせず、点検
　　記録を作成せず、これを保存しなかったときは、許可の取り消しに該
　　当する。

× 3. 製造所等で危険物の取扱作業に従事している危険物取扱者が、免状の返
　　納命令を受けたときは、使用停止命令に~~該当する~~。
　　　　　　　　　　　　　　　　　該当しない

× 4. 移動タンク貯蔵所の危険物取扱者が、危険物の取扱作業の保安に関する
　　講習を受けていないときは、使用停止命令に~~該当する~~。
　　　　　　　　　　　　　　　　該当しない

○ 5. 製造所等における危険物の貯蔵及び取扱いを休止し、その旨の届け出を
　　怠っているときは、使用停止命令に該当しない。

[15] 製造所等の許可の取り消し等に関して、正しいものには○を、誤って
　　いるものには×をせよ。

× 1. 製造所等の危険物保安監督者がその責務を怠っているときは、市町村長
　　等から危険物の取扱作業の~~保安に関する講習の受講命令を受ける~~。
　　　　　　　　　　　危険物保安監督者の解任命令を受ける

○ 2. 製造所等の位置、構造及び設備が、法令に定める技術上の基準に適合し
　　ていないときは、市町村長等から製造所等の修理、改造又は移転を命
　　ぜられる。

× 3. 危険物保安監督者を定めなければならない製造所等において、危険物保
　　安監督者の未選任の場合は、市町村長等から~~許可の取り消しを命ぜら~~
　　　　　　　　　　　　　　　　　使用停止命令を受ける
　　~~れる~~。

× 4. 危険物保安監督者を定めたときの届け出を怠ったときは、製造所等の~~使~~
　　届け出義務違反であるが使用停止命令は受けない
　　~~用停止を命ぜられる~~。

○ 5. 危険物保安監督者の解任命令に違反したときは、製造所等の所有者等は
　　市町村長等から使用停止命令を受ける。

実力テスト

[16] **定期点検に関して、正しいものには○を、誤っているものには×をせよ。**

1. 定期点検は、製造所等の位置、構造及び設備が技術上の基準に適合しているかどうかについて行う。

2. 定期点検を実施しなければならない移動タンク貯蔵所は、移動貯蔵タンクの容量が 10,000L 以上のものである。

3. 指定数量の倍数にかかわらず定期点検を実施しなければならない製造所等は、地下タンク貯蔵所と移動タンク貯蔵所である。

4. 点検の実施者は、危険物取扱者に限定されている。

5. 丙種危険物取扱者は、この点検を行うことができない。

[17] **定期点検に関して、正しいものには○を、誤っているものには×をせよ。**

1. 危険物施設保安員の立会いを受けた場合は、危険物取扱者以外の者でも定期点検を行うことができる。

2. 製造所等の所有者等は、定期に点検を実施し、その記録を作成し、一定の期間これを保存しなければならない。

3. 点検を実施した場合は、その結果を市町村長等に報告しなければならない。

4. 点検は原則として1年に1回以上行い、記録の保存は3年間である。

5. 地下貯蔵タンク及び地下埋設配管の規則に定める漏れの点検は、危険物取扱者又は危険物施設保安員で、漏れの点検に関する知識及び技能を有する者が行うことができる。

答えあわせ

[16] 定期点検に関して、正しいものには○を、誤っているものには×をせよ。

○1．定期点検は、製造所等の位置、構造及び設備が技術上の基準に適合しているかどうかについて行う。

×2．定期点検を実施しなければならない移動タンク貯蔵所は、移動貯蔵タンクの容量が 10,000ℓ 以上のものである。
　　（タンク容量に関係なくすべて行う）

○3．指定数量の倍数にかかわらず定期点検を実施しなければならない製造所等は、地下タンク貯蔵所と移動タンク貯蔵所である。

×4．点検の実施者は、危険物取扱者に限定されている。
　　（危険物施設保安員、危険物取扱者の立会いを受けた危険物取扱者以外の者も点検ができる）

×5．丙種危険物取扱者は、この点検を行うことができない。
　　（できる）

[17] 定期点検に関して、正しいものには○を、誤っているものには×をせよ。

×1．危険物施設保安員の立会いを受けた場合は、危険物取扱者以外の者でも定期点検を行うことができる。
　　（危険物施設保安員は立会いができない）（できない）

○2．製造所等の所有者等は、定期に点検を実施し、その記録を作成し、一定の期間これを保存しなければならない。

×3．点検を実施した場合は、その結果を市町村長等に報告しなければならない。
　　（報告する義務はない）

○4．点検は原則として１年に１回以上行い、記録の保存は３年間である。

○5．地下貯蔵タンク及び地下埋設配管の規則に定める漏れの点検は、危険物取扱者又は危険物施設保安員で、漏れの点検に関する知識及び技能を有する者が行うことができる。

危険物取扱者

虎の巻ポイント

❶危険物取扱者とは、危険物取扱者試験に〔合格〕し、都道府県知事から免状の〔交付〕を受けた者をいう。

❷免状に関係する事項は、すべて〔都道府県知事〕が行う。

❸危険物取扱者の免状には、〔甲種、乙種、丙種〕の3種類がある。

❹危険物の取扱いは、〔危険物取扱者〕が行う。危険物取扱者〔以外〕の者が危険物を取り扱う場合は、危険物取扱者が〔立ち会〕う。

　〔丙種〕は立会いができない。

▶危険物取扱者制度は、人的な面からの規制を行い、製造所等の安全の確保を目指すもの。

乙4類合格おめでとう！
免状関係は、すべて
都道府県知事の
担当だから、
今後ともよろしくね！

免状

作業者　　都道府県知事

図1　免状の交付は、都道府県知事が行う

＜免状の種類と取扱作業の内容等＞

免状の種類	取り扱える危険物	無資格者への立会い
甲種	1〜6類のすべての類の危険物	1〜6類のすべての類の危険物
乙種	免状に指定された類	免状に指定された類
丙種	指定された危険物	立会いはできない

「指定された危険物」とは

・ガソリン、灯油、軽油
・第3石油類のうち重油、潤滑油及び引火点が130℃以上のもの
・第4石油類及び動植物油類

図2　免状は、甲種・乙種・丙種の3種類

虎の巻ポイント

❶ 書換えは、〔氏名〕や本籍地の変更および写真が撮影から〔10〕年を経過したときに、免状の交付地又は〔居住地〕、勤務地の都道府県知事に申請する。

❷ 再交付は、免状を〔亡失〕・汚損等したときに免状の〔交付〕又は〔書換え〕をした都道府県知事に申請する。

❸ 亡失した免状を発見したときは、〔10 日〕以内に〔再交付〕を受けた都道府県知事に〔発見〕した古い免状を提出する。

❹ 危険物取扱者が消防法に違反したときは、都道府県知事は免状の〔返納〕を命じることができる。

❺ 免状を返納し〔1 年〕を経過しない者や罰金以上の刑に処せられ〔2 年〕を経過しない者は、試験に合格しても免状は交付されない。

① 氏名の変更
（結婚など）

② 本籍地の変更
（都道府県名の変更）

③ 写真が撮影から
10年を経過

申請先
・交付地
・居住地、勤務地の都道府県知事

書換えをお願いします。

乙4類危険物取扱者　　都道府県知事

図1　免状の書換え

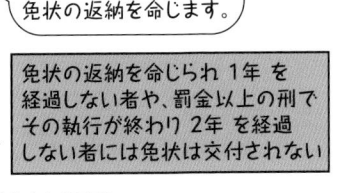

消防法に違反したので、免状の返納を命じます。

免状の返納を命じられ 1年 を経過しない者や、罰金以上の刑でその執行が終わり 2年 を経過しない者には免状は交付されない

乙4類危険物取扱者　　都道府県知事

図2　免状の返納命令と不交付

保安講習

虎の巻ポイント

❶保安講習は、危険物の取扱作業に〔従事〕している〔危険物取扱者〕に受講の義務がある。

❷継続して従事している者は、前回受講した日以後における最初の〔4月1日〕から〔3年〕以内に受講する。

❸新たに仕事に従事するようになった危険物取扱者は、従事した日から〔1年〕以内に受講する。交付又は保安講習を受講後2年以上経過した者も同様。

❹従事することとなった日から起算して、過去〔2〕年以内に〈イ〉免状の交付や〈ロ〉講習を受けている場合には、免状交付日又はその受講日以後における最初の〔4月1日〕から〔3年〕以内に受講する。

❺保安講習は、全国どこの都道府県であっても〔受講〕できる。

▶製造所等で働く危険物取扱者（危険物免状の所持者）は、都道府県知事が行う保安講習を受講する義務がある。

図1　保安講習の受講義務のある者、ない者

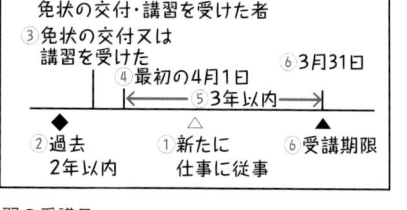

図2　保安講習の受講日

12 講 その1 危険物保安監督者

虎の巻ポイント

❶危険物保安監督者には〔甲種〕又は〔乙種〕危険物取扱者で、製造所等での
　実務経験が〔6か月〕以上あれば選任される資格がある。
　〔丙種〕には、資格がない。

❷危険物の取扱作業が、〔技術上の基準〕や予防規定等に定める〔保安基準〕に
　適合するように、危険物取扱者を含むすべての作業者に対し必要な〔指示〕
　を行うこと。

❸危険物保安監督者を必ず選任する必要がある施設等
　・製造所　　　　　・移送取扱所
　・〔給油取扱所〕　　〔屋外タンク貯蔵所〕

❹12の危険物施設のうち、〔移動タンク貯蔵所〕のみ選任の必要がない。

▶政令に定める製造所等の所有者等は、危険物保安監督者を選任して、保安の
　監督をさせ、遅滞なくその旨を市町村長等に届け出る。

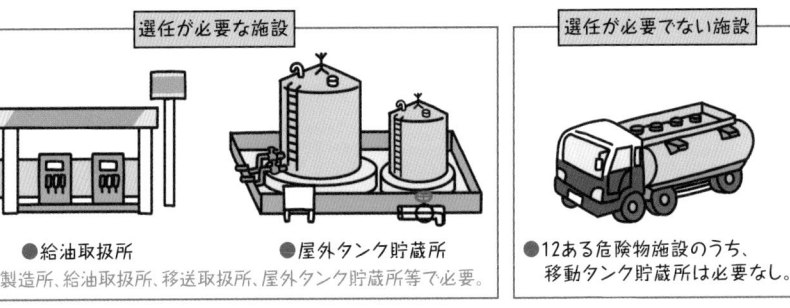

選任が必要な施設	選任が必要でない施設
●給油取扱所　　　●屋外タンク貯蔵所	●12ある危険物施設のうち、移動タンク貯蔵所は必要なし。

製造所、給油取扱所、移送取扱所、屋外タンク貯蔵所等で必要。

図1　危険物保安監督者の選任が必要な施設

図2　すべての作業者に指示をする

危険物取扱いの立会いは、危険物保安監督者に限られるという規定はない

図3　危険物保安監督者の誤った業務（その1）

危険物保安監督者の業務に、法に定める諸手続き（設備の変更等）を行うという規定はない

図4　危険物保安監督者の誤った業務（その2）

危険物施設保安員、危険物保安統括管理者

虎の巻ポイント

❶危険物施設保安員の業務

・〔定期点検〕等の実施、記録及び記録の保存。

・施設の異常を発見した場合の〔危険物保安監督者〕等への連絡と適切な措置など。

❷危険物施設保安員や危険物保安統括管理者の〔資格〕は、特に必要ない（危険物取扱者でなくてもよい）。

❸危険物保安監督者が旅行、疾病等によって職務を行うことができない場合に、〔危険物施設保安員〕は、代行者にはなれない。

▶危険物施設保安員とは、危険物保安監督者の下で、その構造及び設備に係る保安のための業務を行う者をいう。

▶危険物保安統括管理者とは、大量の第４類の危険物を取扱う事業所で、危険物の保安に関する業務を全般に統括管理する者をいう。

定期点検、臨時点検の実施と記録等

蒸気排出設備
作動等異状なしOK！

点検記録の保存

危険物施設保安員

施設に異常を発見したときの、危険物保安監督者への連絡と適当な措置

製造所の屋外にある配管のフランジから、油の漏れが少しありましたのでボルトの増し締めをしました。確認をお願いします。

危険物施設保安員　　危険保安監督者

図1　危険物施設保安員の業務

図2　危険物施設保安員の誤った業務（その1）

図3　危険物施設保安員の誤った業務（その2）

製造所　　　一般取扱所　　　移送取扱所

危険物保安統括管理者、危険物施設保安員の選任には、
指定数量の倍数に規定がある。

図4　危険物保安統括管理者等の選任が必要な施設

移動タンク貯蔵所 （タンクローリー）

虎の巻ポイント

❶タンクの容量〔30,000L〕以下で、〔保安距離〕は必要ない。

❷移動タンク貯蔵所から容器に詰め替えできる危険物は、引火点〔40〕℃以上の第4類危険物（〔灯油〕、軽油、〔重油〕等）である。

❸引火点〔40℃〕未満の危険物を他のタンク等に注入する場合は、エンジンを〔停止〕して行う。

❹車両を常置（駐車）する場所は、屋外（防火上安全な場所）か若しくは、耐火構造又は不燃材料で造った建築物の〔1階〕とする。〔地階〕はダメ。

▶移動タンク貯蔵所とは、車両に固定されたタンクにおいて危険物を貯蔵し、又は取り扱う貯蔵所をいう。一般にタンクローリーという。

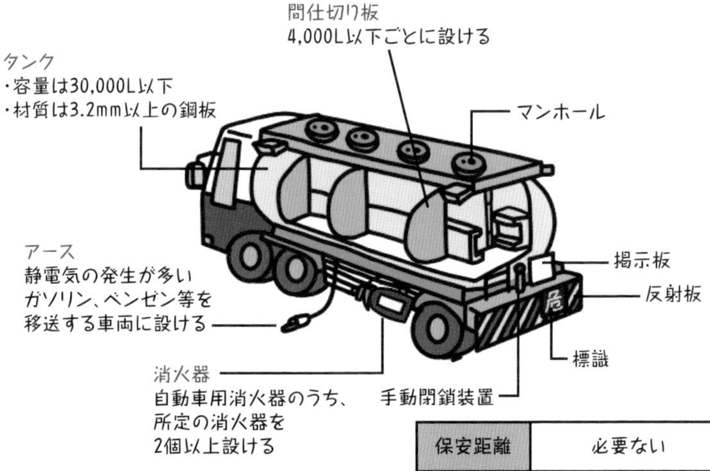

間仕切り板
4,000L以下ごとに設ける

タンク
・容量は30,000L以下
・材質は3.2mm以上の鋼板

マンホール

アース
静電気の発生が多い
ガソリン、ベンゼン等を
移送する車両に設ける

掲示板

反射板

標識

消火器
自動車用消火器のうち、
所定の消火器を
2個以上設ける

手動閉鎖装置

ガソリン、灯油交互の移送時の注意点
タンク内の蒸気濃度が燃焼範囲内になる場合があり、
静電気による事故を防止するための措置を講じる

保安距離	必要ない
保有空地	必要ない
駐車場所	屋外又は建築物の1階 地階はダメ

図1　移動タンク貯蔵所

移動タンク貯蔵所での移送の基準

虎の巻ポイント

❶危険物の移送は、危険物取扱者が〔乗車〕し〔免状を携帯〕する。

　ガソリンの移送は、〔丙種〕危険物取扱者でOK。

❷移送の〔開始前〕に、タンクの底弁、消火器等の点検を行う。

❸移動タンク貯蔵所には、次の4点の書類を備え付けておく。

　・〔完成検査済証〕

　・〔定期点検記録〕

　・譲渡、引渡の届出書

　・品名、数量又は指定数量の倍数の変更の届出書

▶移送とは、移動タンク貯蔵所（タンクローリー）で危険物を運ぶこと。

危険物取扱者が乗車し、免状を必ず携帯する
丙種であれば、ガソリンの移送もOK

〈備え付ける必要のない書類〉
1. 危険物保安監督者の選任、解任の届出書
2. 許可証（設置許可証）
3. 始業時、終業時の点検記録（定期点検記録とは異なる）

図1　免状の携帯

連続運転時間が4時間以下のとき	連続運転時間が4時間超のとき
運転要員1名	運転要員2名以上
1日当たりの運転時間が9時間以下のとき	1日当たりの運転時間が9時間超のとき

図2　運転要員は1人か2人か

14
その1

危険物運搬の基準

❶ 危険物運搬の技術上の基準は、運搬する〔数量〕に〔関係なく〕適用される。

❷ 運搬容器は、収納口を〔上方〕に向けて積載する。

❸ 運搬容器の外部には、第2類の場合〔引火性固体〕、〔第4類〕、第5類の場合〔火気厳禁〕と表示する。

❹ 運搬容器に表示しなくてよいものは、〔消火方法〕、材質等である。

❺ 第4類は、第2類、〔第3類〕、第5類と混載してもよい。酸化性物質の〔第1類〕、〔第6類〕と混載してはダメ。

❻ 指定数量以上の危険物を運搬する場合は、〔「危」〕の標識を掲げ〔消火器〕を備える。

❼ 指定数量以上の危険物を運搬する場合であっても、〔所轄消防長〕又は〔消防署長〕に届け出る必要はない。

▶ 危険物の運搬とは、車両等（トラック等）によって危険物を運ぶことをいい、指定数量未満の危険物についても適用される。

1

学期　危険物に関する法令

危険物を運搬する場合は、運搬する数量に関係なく法令の適用を受ける

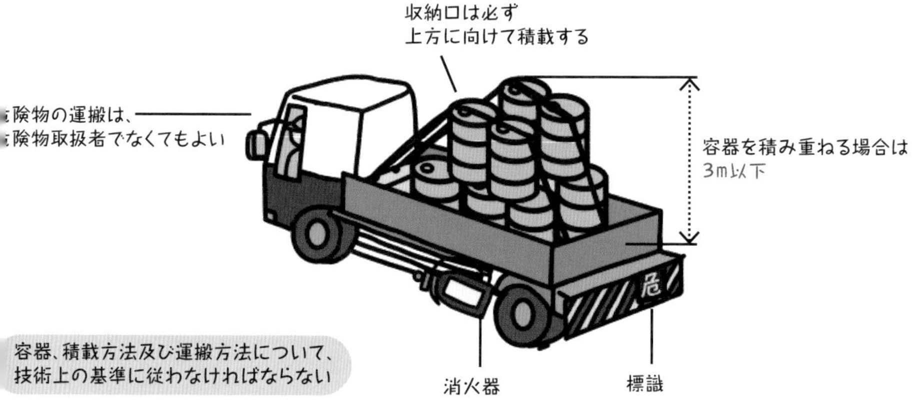

収納口は必ず
上方に向けて積載する

危険物の運搬は、
危険物取扱者でなくてもよい

容器を積み重ねる場合は
3m以下

容器、積載方法及び運搬方法について、
技術上の基準に従わなければならない

消火器　　　標識

図1　危険物の運搬

57

消火器と 危 の標識を掲げる

例え1Lの運搬でも、法令に定められたように
収納口を上に向け、倒れないように
ロープを掛けるんだ!

図2　危険物を運搬する場合

●4類は、2類、3類及び5類と混載できる。
●4類は、1類、6類とは混載できない。
　（接触すると発火・爆発の危険性がある）

図3　4類と他類の危険物との混載（同時運搬）の例

図4 運搬と移送の違い

運搬
危険物の
免状は不要

移送
移送する危険物を
取り扱うことができる
免状の携帯が必要

危険等級II
第4類では、
第1石油類と
アルコール類が
該当する

第4類アルコール類
危険等級II
メチルアルコール
水溶性
200L
火気厳禁

水溶性
水溶性の表示は、
第4類の危険物
だけなのでしっかりと
覚えよう!

第4類の危険等級と品名
● 危険等級I
　特殊引火物
● 危険等級II
　ガソリン等の第1石油類、アルコール類
● 危険等級III
　灯油、重油、潤滑油、動植物油類等

<収納率>
・液体の危険物
　内容量の98%以下の収納率で、かつ、55℃の
　温度で漏れないように十分な空間容積を設ける
・固体の危険物
　内容量の95%以下の収納率で収納する

図5 運搬容器外部への表示例（メチルアルコール）と収納率

虎の巻ポイント

❶ 許可もしくは届出された〔数量〕等を超える危険物、又は届出された〔品名〕以外の危険物を貯蔵し又は取り扱わない。

❷〔ためます〕又は油分離装置にたまった危険物は、あふれないように〔随時〕（その都度）くみ上げる。〔希釈〕してから排出はダメ。

❸ 危険物のくず、かす等は〔1日に1回〕以上廃棄等の処置をする。

❹ 危険物が残存している設備、機械器具、容器等を〔修理〕する場合は、安全な場所で危険物を〔完全に除去〕した後に行う。

❺ 可燃性の液体、蒸気などが〔漏れ〕たり滞留するおそれのある場所で、〔火花〕を発する機械器具等を使用してはならない。

❻〔焼却〕する場合は安全な場所・方法で行い、〔見張人〕をつける。

▶ 製造所等で危険物を貯蔵し、又は取り扱う場合には、数量に関係なく法令に定められた技術上の基準に従って行う。

<危険物が残存している設備、機械器具等の修理>
○危険物を完全に除去して行う（正しい作業）
×危険物保安監督者の立会いのもとで行う

図1　危険物のくず・かす等は、1日に1回以上廃棄等の処置

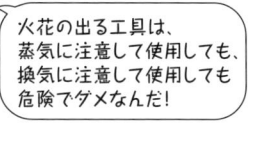

火花の出る工具は、蒸気に注意して使用しても、換気に注意して使用しても危険でダメなんだ！

図2　火花を発する機械器具等を使用しない

15 その2 貯蔵の共通基準

虎の巻ポイント

❶貯蔵所においては、原則として〔危険物以外〕の物品を貯蔵しない。

❷〔類を異にする〕危険物は、原則として同一の貯蔵所で貯蔵しない。

❸屋内貯蔵所では、危険物の温度が〔55℃〕を超えてはいけない。

❹屋外貯蔵タンク等の〔計量口〕は、計量するとき以外は〔閉鎖〕しておく。

❺防油堤の〔水抜口〕は、水抜きするとき以外は〔閉鎖〕する。

少しだけど、ガソリンの臭いがする

通気管は特別な構造のものでない限り常に開いている

図1　簡易貯蔵タンクの通気管は、常に開いている

過去問チェック　貯蔵の基準「こう出たら○」「こう出たら×」

○屋内貯蔵所においては、危険物を類別ごとにまとめ、相互に１ｍ以上の間隔を置く等の貯蔵の基準を順守すれば、第１類と第６類の危険物は同時貯蔵できる。

×屋内貯蔵所、屋外貯蔵所においては、危険物を収納した容器は絶対に積み重ねてはならない。
　⇨ 積み重ね高さは、油種、積み重ね方法等の条件によって異なるが、３ｍ以下、４ｍ以下及び６ｍ以下等がある。

×焼き入れ作業は、危険物が危険な温度に達する場合は、消火器を準備しなければならない。
　⇨ 危険な温度にならないようにして行う、と定められている。

○危険物は原則として、海中又は水中に流出させ又は投下してはならない。

×油分離装置にたまった危険物は、希釈してから排出しなければならない。
　⇨ 随時くみ上げる、と定められている。希釈して排出すれば、二次被害の出るおそれがある。

実力テスト

[18] 危険物取扱者の免状等に関して、正しいものには○を、誤っているものには×をせよ。

1. 危険物取扱者以外の者が製造所等において危険物を取り扱う場合は、指定数量未満であっても、甲種危険物取扱者又は当該危険物を取り扱うことができる乙種危険物取扱者の立会いが必要である。

2. 危険物取扱者であれば、危険物取扱者以外の者による危険物の取扱作業に立ち会うことができる。

3. 丙種危険物取扱者は、取り扱うことができる危険物の場合、製造所等で危険物の取扱いの立会いをすることができる。

4. 免状は危険物取扱者試験に合格した者に対して、都道府県知事が交付する。

5. 書換えは、当該免状を交付した都道府県知事、又は居住地若しくは勤務地を管轄する都道府県知事に申請しなければならない。

[19] 危険物取扱者の免状等に関して、正しいものには○を、誤っているものには×をせよ。

1. 免状の記載事項に変更を生じたときは、居住地又は勤務地を管轄する市町村長等に書換えの申請をしなければならない。

2. 免状の写真が撮影から 10 年を経過したときは、書換えを申請しなければならない。

3. 免状の再交付は、居住地を管轄する都道府県知事に申請することができる。

4. 免状を亡失してその再交付を受けた者は、亡失した免状を発見した場合は、これを 10 日以内に免状の再交付を受けた都道府県知事に提出しなければならない。

5. 免状の返納を命じられた者は、その日から起算して 2 年を経過しないと免状の交付は受けられない。

答えあわせ

[18] 危険物取扱者の免状等に関して、正しいものには○を、誤っているものには×をせよ。

○ 1．危険物取扱者以外の者が製造所等において危険物を取り扱う場合は、指定数量未満であっても、甲種危険物取扱者又は当該危険物を取り扱うことができる乙種危険物取扱者の立会いが必要である。

× 2．危険物取扱者であれば、危険物取扱者以外の者による危険物の取扱作業に <ins>丙種はできない</ins> 立ち会うことができる。

× 3．丙種危険物取扱者は、取り扱うことができる危険物の場合、製造所等で <ins>丙種は、いかなる場合であっても立会いはできない</ins> 危険物の取扱いの立会いをすることができる。

○ 4．免状は危険物取扱者試験に合格した者に対して、都道府県知事が交付する。

○ 5．書換えは、当該免状を交付した都道府県知事、又は居住地若しくは勤務地を管轄する都道府県知事に申請しなければならない。

[19] 危険物取扱者の免状等に関して、正しいものには○を、誤っているものには×をせよ。

× 1．免状の記載事項に変更を生じたときは、居住地又は勤務地を管轄する <ins>都道府県知事</ins> 市町村長等に書換えの申請をしなければならない。

○ 2．免状の写真が撮影から 10 年を経過したときは、書換えを申請しなければならない。

× 3．免状の再交付は、 <ins>交付又は書換えをした</ins> 居住地を管轄する都道府県知事に申請することができる。

○ 4．免状を亡失してその再交付を受けた者は、亡失した免状を発見した場合は、これを 10 日以内に免状の再交付を受けた都道府県知事に提出しなければならない。

× 5．免状の返納を命じられた者は、その日から起算して 2 年（１）を経過しないと免状の交付は受けられない。

1 学期　危険物に関する法令

[20] 危険物の取扱作業の保安講習について、正しいものには○を、誤っているものには×をせよ。

1．危険物取扱者のうち、製造所等で危険物の取扱作業に従事している者は、講習を受けなければならない。

2．現に危険物の取扱作業に従事していない危険物取扱者は、この講習の受講義務はない。

3．危険物の取扱作業に従事することになった日前2年以内に免状の交付を受けている場合は、免状交付を受けた日以後における最初の4月1日から3年以内に講習を受けなければならない。

4．受講義務のある危険物取扱者のうち、甲種及び乙種危険物取扱者は3年に1回、丙種危険物取扱者は5年に1回それぞれ受講しなければならない。

5．講習を受けなければならない危険物取扱者が講習を受けなかった場合は、免状の返納を命ぜられることがある。

[21] 危険物の取扱作業の保安講習について、正しいものには○を、誤っているものには×をせよ。

1．受講する場所は、免状の交付を受けた都道府県に限定されず、どこの都道府県でもよい。

2．受講義務者には、危険物保安統括管理者に定められている者で、免状を有しない者は含まれない。

3．受講義務者は、受講した日から5年以内ごとに次回の講習を受けなければならない。

4．受講義務者には、危険物保安監督者として定められた者は含まれない。

5．新たに免状の交付を受けたすべての危険物取扱者は、1年以内に受講しなければならない。

[20] 危険物の取扱作業の保安講習について、正しいものには○を、誤っているものには×をせよ。

○1. 危険物取扱者のうち、製造所等で危険物の取扱作業に従事している者は、講習を受けなければならない。

○2. 現に危険物の取扱作業に従事していない危険物取扱者は、この講習の受講義務はない。

○3. 危険物の取扱作業に従事することになった日前2年以内に免状の交付を受けている場合は、免状交付を受けた日以後における最初の4月1日から3年以内に講習を受けなければならない。

×4. 受講義務のある危険物取扱者のうち、甲種及び乙種危険物取扱者は~~3年~~
受講時期は、免状の種類に関係なく同じである
~~に1回~~、丙種危険物取扱者は~~5年に1回~~それぞれ受講しなければならない。

○5. 講習を受けなければならない危険物取扱者が講習を受けなかった場合は、免状の返納を命ぜられることがある。

[21] 危険物の取扱作業の保安講習について、正しいものには○を、誤っているものには×をせよ。

○1. 受講する場所は、免状の交付を受けた都道府県に限定されず、どこの都道府県でもよい。

○2. 受講義務者には、危険物保安統括管理者に定められている者で、免状を有しない者は含まれない。

受講した日以降における最初の4月1日から3年以内に受講する
×3. 受講義務者は、受講した日から~~5年以内ごとに~~次回の講習を受けなければならない。

含まれる
×4. 受講義務者には、危険物保安監督者として定められた者は~~含まれない~~。

受講義務者は、すべてではなく仕事に就いている者
×5. 新たに免状の交付を受けた~~すべての危険物取扱者~~は、~~1年以内に受講しなければならない~~。
免状交付日以降における最初の4月1日から3年以内に受講する

[22] 危険物保安監督者等に関して、正しいものには○を、誤っているものには×をせよ。

1．屋外タンク貯蔵所は、危険物保安監督者を定めなければならない。

2．移動タンク貯蔵所は、危険物保安監督者の選任を必要としない。

3．甲種危険物取扱者又は当該危険物を取り扱うことができる乙種危険物取扱者で、6か月以上実務経験を有する者を危険物保安監督者としなければならない。

4．特定の危険物であれば、それを取り扱う製造所等において、丙種危険物取扱者を危険物保安監督者に選任することができる。

5．製造所においては、危険物取扱者以外の者は、危険物保安監督者が立ち会わなければ、危険物を取り扱うことができない。

[23] 危険物保安監督者及び危険物施設保安員等に関して、正しいものには○を、誤っているものには×をせよ。

1．危険物保安監督者は、製造所等の位置、構造及び設備の変更その他法に定める諸手続きに関する業務を行う。

2．危険物保安監督者は、危険物施設保安員を置く製造所等にあっては、その者の指示に従って保安の業務を行わなければならない。

3．所有者等は、危険物保安監督者が事故等で職務を行うことができない場合は、危険物の取扱いの保安に関し、危険物施設保安員に監督業務を行わせること。

4．危険物施設保安員は、製造所等における危険物の取扱作業の実施に際し、危険物取扱者に保安上必要な指示を与えること。

5．危険物施設保安員が点検を行ったときは、点検を行った場所の状況及び保安のために行った措置を記録するとともに消防署長に提出すること。

6．危険物施設保安員、危険物保安統括管理者の必要な施設は、「製造所」「一般取扱所」「移送取扱所」の3施設である。

[22] 危険物保安監督者等に関して、正しいものには○を、誤っているものには×をせよ。

○ 1. 屋外タンク貯蔵所は、危険物保安監督者を定めなければならない。

○ 2. 移動タンク貯蔵所は、危険物保安監督者の選任を必要としない。

○ 3. 甲種危険物取扱者又は当該危険物を取り扱うことができる乙種危険物取扱者で、6か月以上実務経験を有する者を危険物保安監督者としなければならない。

× 4. 特定の危険物であれば、それを取り扱う製造所等において、~~丙種危険物~~
　　　丙種危険物取扱者は、いかなる場合でも危険物保安監督者に選任はできない
　　　~~取扱者を危険物保安監督者に選任することができる。~~

× 5. 製造所においては、危険物取扱者以外の者は、~~危険物保安監督者が立ち~~
　　　危険物保安監督者だけに限らない。
　　　甲種又は乙種危険物取扱者も立会いができる。
　　　~~会わなければ、危険物を取り扱うことができない。~~

[23] 危険物保安監督者及び危険物施設保安員等に関して、正しいものには○を、誤っているものには×をせよ。

× 1. 危険物保安監督者は、製造所等の位置、構造及び設備の変更その他~~法に~~
　　　危険物保安監督者の業務に、このような規定はない
　　　~~定める諸手続きに関する業務を行う。~~

× 2. 危険物保安監督者は、危険物施設保安員を置く製造所等にあっては、そ
　　　指示を出すのが危険物保安監督者の業務なので、逆である
　　　~~の者の指示に従って保安の業務を行わなければならない。~~

× 3. 所有者等は、危険物保安監督者が事故等で職務を行うことができない場
　　　合は、危険物の取扱いの保安に関し、~~危険物施設保安員に監督業務を~~
　　　危険物施設保安員は、危険物保安監督者
　　　の代行はできない
　　　~~行わせること。~~

× 4. 危険物施設保安員は、製造所等における危険物の取扱作業の実施に際し、
　　　保安上必要な指示を与えるのは、危険物保安監督者や危険物取扱者なので逆である
　　　~~危険物取扱者に保安上必要な指示を与えること。~~

× 5. 危険物施設保安員が点検を行ったときは、点検を行った場所の状況及び
　　　記録を提出する定めはない
　　　保安のために行った措置を記録するとともに~~消防署長に提出すること。~~

○ 6. 危険物施設保安員、危険物保安統括管理者の必要な施設は、「製造所」「一般取扱所」「移送取扱所」の3施設である。

[24] 移動タンク貯蔵所等に関して、正しいものには○を、誤っているものには×をせよ。

1．積載式以外の移動貯蔵タンクの容量は、50,000L 以下であること。

2．移動タンク貯蔵所は、屋外の防火上安全な場所又は難燃材料で内装した建築物の地階に常置すること。

3．第4類の危険物で引火点が 40℃以上の灯油や重油は、移動貯蔵タンクから運搬容器への詰替えができる。

4．移動貯蔵タンクから、引火点 40℃未満の危険物を貯蔵タンクに注入するときは、移動タンク貯蔵所の原動機を停止させて行わなければならない。

5．移動タンク貯蔵所に乗車している危険物取扱者の免状は、紛失、汚損を防ぐため免状の写しを携帯した。

[25] 移動タンク貯蔵所等に関して、正しいものには○を、誤っているものには×をせよ。

1．移動タンク貯蔵所によるガソリンの移送は、丙種危険物取扱者を乗車させてこれを行うことができる。

2．移動タンク貯蔵所には、完成検査済証及び定期点検の点検記録等を備え付けておかなければならない。

3．移動タンク貯蔵所で定期的に特殊引火物を移送する者は、移送経路その他必要な事項を記載した書面を関係消防機関に送付するとともに、書面の写しを携帯しなければならない。

4．危険物取扱者が免状の携帯を義務づけられているのは、危険物の移送のため移動タンク貯蔵所に乗車している場合である。

5．移動タンク貯蔵所に備え付けておく書類に、危険物保安監督者の選任・解任の届出書がある。

答えあわせ

[24]　移動タンク貯蔵所等に関して、正しいものには○を、誤っているものには×をせよ。

×1．積載式以外の移動貯蔵タンクの容量は、~~50,000~~ 30,000 L 以下であること。

×2．移動タンク貯蔵所は、屋外の防火上安全な場所又は難燃材料で内装した建築物の~~地階~~ 1階 に常置すること。

○3．第4類の危険物で引火点が 40℃以上の灯油や重油は、移動貯蔵タンクから運搬容器への詰替えができる。

○4．移動貯蔵タンクから、引火点 40℃未満の危険物を貯蔵タンクに注入するときは、移動タンク貯蔵所の原動機を停止させて行わなければならない。⇨ 流速を遅くして、静電気の発生・帯電を抑制するのが目的である。

×5．移動タンク貯蔵所に乗車している危険物取扱者の免状は、紛失、汚損を防ぐため免状の写しを携帯した。
写しではダメ。免状を携帯するように定められている。

[25]　移動タンク貯蔵所等に関して、正しいものには○を、誤っているものには×をせよ。

○1．移動タンク貯蔵所によるガソリンの移送は、丙種危険物取扱者を乗車させてこれを行うことができる。

○2．移動タンク貯蔵所には、完成検査済証及び定期点検の点検記録等を備え付けておかなければならない。

×3．移動タンク貯蔵所で定期的に特殊引火物を移送する者は、~~移送経路その他必要な事項を記載した書面を関係消防機関に送付するとともに、書面の写しを携帯しなければならない。~~
このような書類が必要なものは、第3類のアルキルアルミニウム等の移送時である。

○4．危険物取扱者が免状の携帯を義務づけられているのは、危険物の移送のため移動タンク貯蔵所に乗車している場合である。

×5．移動タンク貯蔵所に備え付けておく書類に、~~危険物保安監督者の選任・解任の届出書がある。~~
移動タンク貯蔵所には危険物保安監督者の選任の義務がないので、その届出書は必要ない

[26] 危険物運搬の基準に関して、正しいものには○を、誤っているものには×をせよ。

1．危険物の運搬に関する技術上の基準は、運搬する数量に関係なく適用を受ける。

2．危険物を混載して運搬することは、すべて禁じられている。

3．運搬容器の外部に表示する注意事項として、第2類危険物の引火性固体は、「火気厳禁」と表示する。

4．指定数量以上の危険物を車両で運搬する場合は、当該危険物に適応する消火設備を備え付けなければならない。

5．危険物の運搬容器の外部には、規則に定める表示を行わなければならないが、「収納する危険物に応じた消火方法」は定められていない。

[27] 危険物運搬の基準に関して、正しいものには○を、誤っているものには×をせよ。

1．危険物を運搬する場合は、容器、積載方法及び運搬方法について技術上の基準に従わなければならない。

2．指定数量の10分の1を超える数量の危険物を車両で運搬する場合、第1類の危険物と第4類の危険物は混載が禁止されている。

3．ガス抜口を設けた運搬容器は、発生するガスが毒性又は酸化性を有する等の危険性があるときを除き用いることができる。

4．指定数量以上の危険物を車両で運搬する場合は、所轄消防長又は消防署長に届け出なければならない。

5．運搬容器の積み重ね高さは、3m以下としなければならない。

答えあわせ

[26] 危険物運搬の基準に関して、正しいものには○を、誤っているものには×をせよ。

○1．危険物の運搬に関する技術上の基準は、運搬する数量に関係なく適用を受ける。 ⇨ 1L の運搬でも適用を受ける

×2．危険物を混載して運搬することは、~~すべて禁じられている。~~
第 4 類は、 2 類、 3 類、 5 類との混載が認められている

○3．運搬容器の外部に表示する注意事項として、第2類危険物の引火性固体は、「火気厳禁」と表示する。

○4．指定数量以上の危険物を車両で運搬する場合は、当該危険物に適応する消火設備を備え付けなければならない。

○5．危険物の運搬容器の外部には、規則に定める表示を行わなければならないが、「収納する危険物に応じた消火方法」は定められていない。

[27] 危険物運搬の基準に関して、正しいものには○を、誤っているものには×をせよ。

○1．危険物を運搬する場合は、容器、積載方法及び運搬方法について技術上の基準に従わなければならない。

○2．指定数量の10分の1を超える数量の危険物を車両で運搬する場合、第1類の危険物と第4類の危険物は混載が禁止されている。

×3．ガス抜口を設けた運搬容器は、発生するガスが毒性又は~~酸化性~~を有する 引火性
等の危険性があるときを除き用いることができる。

×4．指定数量以上の危険物を車両で運搬する場合は、~~所轄消防長又は消防署~~ このような規定はない
~~長に届け出なければならない。~~

○5．運搬容器の積み重ね高さは、3m以下としなければならない。

[28] 危険物の取扱いの基準（貯蔵・取扱いの基準）について、正しいもの
には○を、誤っているものには×をせよ。

1．危険物のくず、かす等は、1週間に1回以上、当該危険物の性質に応じて安全な場所で廃棄その他適当な処置をしなければならない。

2．油分離装置にたまった危険物は、希釈してから排出しなければならない。

3．危険物が残存しているおそれのある機械器具等を修理する場合は、危険物を完全に除去しなければならない。

4．屋内貯蔵所においては、容器に収納して貯蔵する危険物の温度が60℃を超えないように必要な措置を講ずること。

5．簡易貯蔵タンクの通気管は、危険物を入れ、又は出すとき以外は閉鎖しておかなければならない。

[29] 危険物の取扱いの基準（貯蔵・取扱いの基準）について、正しいものには○を、誤っているものには×をせよ。

1．可燃性蒸気が滞留するおそれのある場所で、火花を発する機械器具、工具等を使用する場合は、注意して行わなければならない

2．危険物のくず、かす等は、1日に1回以上、危険物の性質に応じて安全な場所で廃棄その他適当な処置をしなければならない。

3．危険物が残存している設備、機械器具又は容器等を修理する場合は、危険物保安監督者の立会いのもとに行わなければならない。

4．屋内貯蔵所及び屋外貯蔵所においては、危険物を収納した容器は絶対に積み重ねてはならない。

5．危険物は、原則として海中又は水中に流出させ、又は投下してはならない。

答えあわせ

[28] 危険物の取扱いの基準（貯蔵・取扱いの基準）について、正しいもの
には○を、誤っているものには×をせよ。

× 1．危険物のくず、かす等は、~~一週間~~_{1日}に1回以上、当該危険物の性質に応じ
て安全な場所で廃棄その他適当な処置をしなければならない。

× 2．油分離装置にたまった危険物は、~~希釈してから排出~~
全部回収するしなければならな
い。

○ 3．危険物が残存しているおそれのある機械器具等を修理する場合は、危険
物を完全に除去しなければならない。

× 4．屋内貯蔵所においては、容器に収納して貯蔵する危険物の温度が~~60~~⁵⁵℃
を超えないように必要な措置を講ずること。

× 5．簡易貯蔵タンクの通気管は、~~危険物を入れ、又は出すとき以外は閉鎖し~~
常に開放しておく
~~ておかなければならない。~~

[29] 危険物の取扱いの基準（貯蔵・取扱いの基準）について、正しいもの
には○を、誤っているものには×をせよ。

× 1．可燃性蒸気が滞留するおそれのある場所で、~~火花を発する機械器具、~~
火花を発する工具等は、使用できない
~~工具等を使用する場合は、注意して行わなければならない。~~

○ 2．危険物のくず、かす等は、1日に1回以上、危険物の性質に応じて安全
な場所で廃棄その他適当な処置をしなければならない。

× 3．危険物が残存している設備、機械器具又は容器等を修理する場合は、~~危~~
危険物が残存
している状態で修理してはならない。危険物を完全に除去した後に行うと定められている。
~~険物保安監督者の立会いのもとに行わなければならない。~~

× 4．屋内貯蔵所及び屋外貯蔵所においては、~~危険物を収納した容器は絶対に~~
所定の高さ以下であれば、積み重ねてよい
~~積み重ねてはならない。~~

○ 5．危険物は、原則として海中又は水中に流出させ、又は投下してはならな
い。

73

2 学期

基礎的な物理学／化学

燃焼の基礎知識・完全燃焼／不完全燃焼

虎の巻ポイント

❶ 燃焼とは、〔熱〕と光の発生を伴う〔酸化〕反応である。

❷ 燃焼の三要素は、可燃物、〔酸素〕供給源、〔点火源〕である。

❸ 第4類の危険物（ガソリン、灯油、軽油、アルコールなど）、〔一酸化〕炭素、硫化水素などは可燃物であり、〔二酸化〕炭素、窒素、ヘリウムなどは不燃物である。

❹ 可燃物は空気がなくても、〔酸素〕供給源の働きをする第1類、第6類の危険物や、可燃物自体が〔酸素〕を含んでいる第5類の危険物は燃焼する。

❺ 炭素と水素でできている有機化合物が完全燃焼すると、〔二酸化炭素〕と〔水〕が発生する。

▶ 物質が酸素と化合することを酸化という。物質によっては、この酸化反応が急激に進行し、著しく発熱し、しかも発光を伴うものがある。このように熱と光の発光を伴う酸化反応を燃焼という。

点火源のマッチの炎により、ガソリンが空気中の酸素（O_2）と反応（酸化反応）して、熱と光を発生して燃焼している

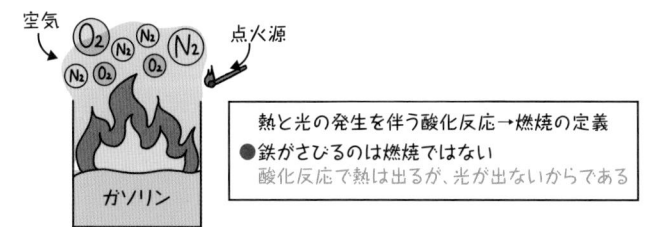

空気　点火源

熱と光の発生を伴う酸化反応→燃焼の定義
● 鉄がさびるのは燃焼ではない
酸化反応で熱は出るが、光が出ないからである

図1　燃焼の定義

硝酸から発生した酸素

ガソリンと硝酸（第6類の酸化性液体）を混合・混触すると、硝酸から酸素が発生して発火・爆発するおそれがある

↓

空気がなくても燃焼する

図2　可燃物は、空気がなくても燃焼する場合がある

燃焼の三要素	可燃物	酸素供給源	点火源
三要素に当てはまる物質	●ガソリン ●一酸化炭素（CO） 締め切った部屋で酸素（O_2）不足 木炭の燃焼 木炭（C）$+\frac{1}{2}O_2$（酸素不足） →CO（一酸化炭素の発生） ●硫化水素 硫化水素は、火山活動で発生し燃焼する	●空気 酸素（O_2）約21％ 窒素（N_2）約78％ ●1類・6類の危険物 第1類の危険物 塩素酸塩類等 酸化剤の塩素酸塩類と可燃物の硫黄等が混合されたものは、加熱・衝撃・摩擦等により発火・爆発する＝花火など 塩素酸塩類　硫黄 （第2類の危険物） 第6類の危険物 硝酸、過酸化水素等 硝酸　過酸化水素	●静電気の火花 給油中の静電気の火花は、点火源になるので注意 ●電気火花 ●酸化熱 アマニ油（乾性油）が染み込んだウエス（布切れ）を放置すると、酸化熱で出火の原因となる
三要素に当てはまらない物質	●二酸化炭素 ドライアイスは、二酸化炭素100％の冷却材のため燃焼しない（＝不燃物である） ●窒素 空気中に約78％含まれている窒素は燃えない。また、酸素の代わりはできない ●ヘリウム ヘリウムは空気より軽く燃焼しない。安全なガスなので、風船やアドバルーンに使われている	●窒素 窒素は空気中に酸素の約4倍含まれているが、酸素のような支燃物（燃焼を助ける性質のあるもの）ではない	●気化熱・融解熱 水が蒸発するとき周囲の熱を奪い涼しく感じる。気化熱は、点火源にはならない

図3　燃焼の三要素

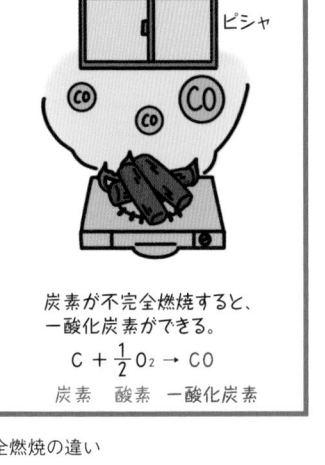

木炭（炭素）の完全燃焼

空気

炭素が完全燃焼すると、
二酸化炭素ができる。

$$C + O_2 \rightarrow CO_2$$
炭素　酸素　二酸化炭素

木炭（炭素）の不完全燃焼

ピシャ

炭素が不完全燃焼すると、
一酸化炭素ができる。

$$C + \frac{1}{2}O_2 \rightarrow CO$$
炭素　酸素　一酸化炭素

図4　完全燃焼・不完全燃焼の違い

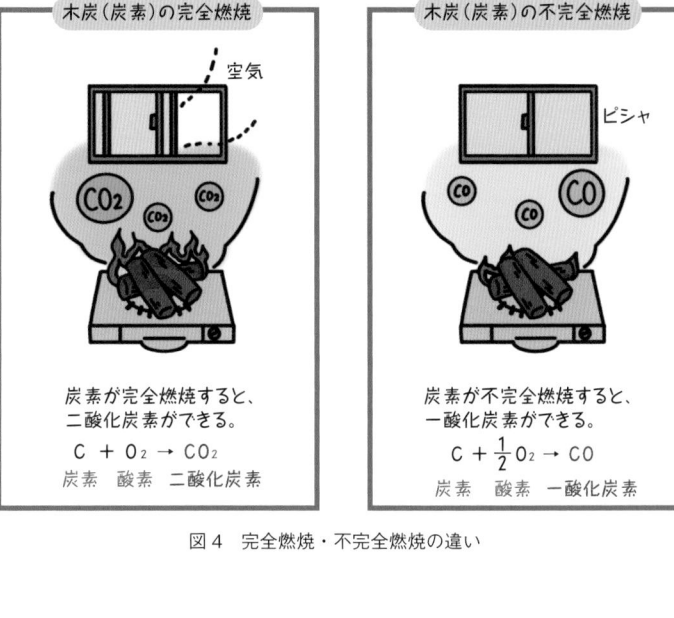

炭素と水素からなる
有機化合物の完全燃焼　→　二酸化炭素と
水ができる

炭素と水素からなる有機化合物の
メタノール（CH_3OH）が完全燃焼すると、
二酸化炭素と水ができる。

$$2CH_3OH + 3O_2 \rightarrow 2CO_2 + 4H_2O$$
メタノール　酸素　二酸化炭素　水

メタノール

図5　炭素と水素からなる有機化合物の完全燃焼

燃焼のしかた

虎の巻ポイント

❶液体は、すべて〔蒸発燃焼〕する。

❷固体の燃焼には、〔分解燃焼〕、内部燃焼、〔表面燃焼〕、蒸発燃焼の４種類がある。

❸気体の燃焼には、拡散燃焼と、〔予混合燃焼〕がある。

▶可燃物は、気体、液体、固体に大別でき、その状態に応じて燃焼の仕方が異なる。

蒸発燃焼

第４類のガソリンやエタノール等の可燃性液体は、
液体から蒸発した可燃性蒸気が燃焼する。

ガソリン
の蒸気

ガソリン

蒸発燃焼する物品
ガソリン、アルコール等
液体である第４類のすべての危険物
固体では硫黄、ナフタリン、固形アルコール

図１　液体の燃焼の仕方

過去問チェック　蒸発燃焼等の事例「こう出たら○」「こう出たら×」

○可燃性液体は、液体の表面から発生する蒸気が、空気と混合して燃焼する。

×硫黄は融点が発火点より低いため、融解し、さらに蒸発して燃焼する。これを分解燃焼という。
　⇨ 蒸発燃焼である。

×重油は、分解燃焼する。　⇨ 蒸発燃焼である。

×重油は、表面燃焼する。　⇨ 蒸発燃焼である。

○木炭は熱分解や気化することなく、そのまま高温状態になって燃焼する。これを表面燃焼という。

○ニトロセルロースのように、分子内に酸素を含有し、その酸素は燃焼に使われる。これを内部（自己）燃焼という。

分解燃焼

木材、石炭等は、加熱されて分解し、その際発生する可燃性ガスが燃焼する

分解燃焼する物品
木材、石炭、プラスチック、紙

表面燃焼

木炭、コークス等は、その表面で熱分解や蒸発しないで燃焼する

表面燃焼する物品
木炭、コークス、金属粉

自己燃焼

自己燃焼はニトロセルロースのように、その物質中に酸素を含有するものが燃焼すること

自己燃焼する物品
ニトロセルロース、セルロイド等

図2　固体の燃焼の仕方

予混合燃焼

あらかじめガスと空気が混合され（予混合）燃焼するもので、密閉された空間では爆発することがある

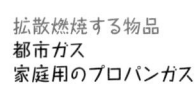

拡散燃焼

ガスコンロの出口で、ガスと空気が混合され燃焼する

拡散燃焼する物品
都市ガス
家庭用のプロパンガス

図3　気体の燃焼の仕方

17
その2

燃焼の難易

虎の巻ポイント

❶酸化〔されやすい〕ものほど燃えやすい。

❷固体の可燃物は〔細かく〕すると燃えやすくなる。

❸空気との接触面積が〔大きい〕ものほど燃えやすい。

❹熱伝導率が〔小さい〕ものほど燃えやすい。

❺酸素濃度が〔高く〕なれば、燃焼は激しくなる。

▶可燃物は、その状態、物理的性状等によって、燃焼に難易（燃えやすい・燃えにくい）が生じる。

燃えにくい　燃えやすい

●丸太を細かく割った薪や霧状の液体は、空気との接触面積（表面積）が大きくなり燃えやすくなる

●アルミニウムの鍋は危険物ではないが、アルミニウムの粉体は表面積が大きくなり燃焼するので危険物である

図1　固体の可燃物は細かくすると燃えやすくなる

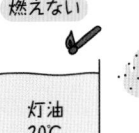

燃えない　燃えやすい

灯油20℃　灯油20℃

●引火点40℃の灯油も、スプレイで噴霧状にすると燃えやすくなる

●霧状の灯油は、空気との接触面積が大きくなり、温度が上がりやすいので、燃えやすい

図2　霧状の灯油の燃焼

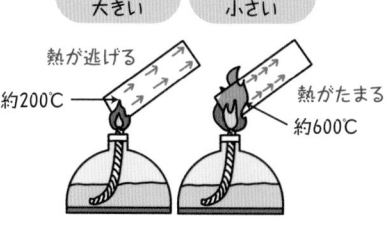

熱伝導率が大きい　熱伝導率が小さい

熱が逃げる
約200℃

熱がたまる
約600℃

●熱伝導率が小さい
→熱が伝わりにくいので、
　加熱された部分の温度が速く上がり
　燃えやすくなる

●熱伝導率が大きい
→熱が伝わりやすいので、加熱部分の
　熱が逃げて温度が上がりにくく
　燃えにくい

図3　熱伝導率が小さいものほど燃えやすい

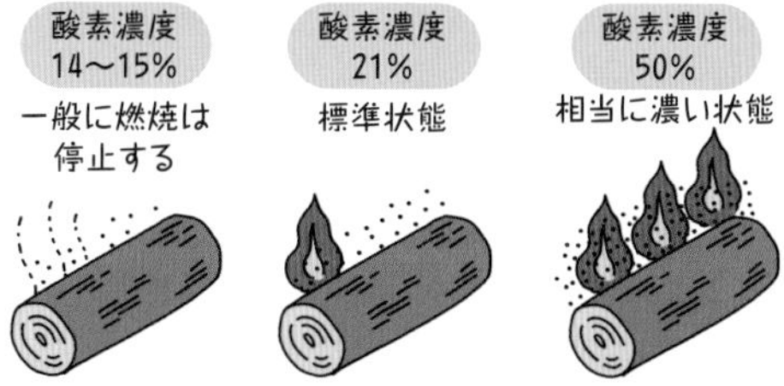

酸素濃度
14〜15%
一般に燃焼は
停止する

酸素濃度
21%
標準状態

酸素濃度
50%
相当に濃い状態

体膨張率や気化熱などは、
燃焼の難易に関係がない

図4　酸素濃度が高くなれば、燃焼は激しくなる

【過去問チェック】　燃焼のしかた＆燃焼の難易「こう出たら○」「こう出たら×」

×固形アルコールの燃焼は、表面燃焼である。 　⇨ 固体であっても、液体のアルコールと同じ蒸発燃焼である。
○アルミニウム箔、マグネシウムリボンの燃焼は、表面燃焼である。
○高引火点の危険物でも、綿糸に染み込ませると着火しやすくなる。
×ハロゲン元素を添加した気体の炭化水素は、常温で発火する。 　⇨ ハロゲン元素は消火剤に使われており、点火しても発火しない。
×静電気の発生しやすい物質ほど、燃焼が激しい。 　⇨ 静電気の発生しやすさと燃焼は関係がない。

18

その1

引火点・燃焼範囲・発火点

虎の巻ポイント

❶引火点とは、可燃性液体が〔空気中で引火〕するのに十分な濃度の蒸気を液面上に発生するときの〔最低〕の液温をいう。(⇨引火点の定義1)

❷引火点とは、〔液面〕付近の蒸気濃度が燃焼範囲の〔下限値（下限界）〕に達したときの液温である。(⇨引火点の定義2)

❸燃焼範囲とは、空気中において燃焼することができる〔可燃性蒸気〕の〔濃度範囲〕のこと。(⇨燃焼範囲の定義)

❹発火点とは、〔空気中〕で可燃物を加熱した場合、〔炎、火花〕等を近づけなくとも〔自ら〕燃え出すときの最低温度をいう。(⇨発火点の定義)

▶可燃性液体の危険度は、引火点でおおよその判断ができる。発火点、燃焼範囲、沸点などがわかれば、正確な危険度がわかる。

2

学期　基礎的な物理学／化学

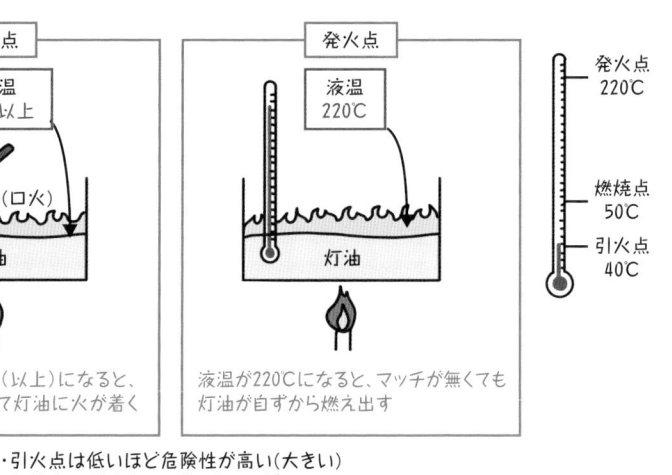

・引火点は低いほど危険性が高い（大きい）
・燃焼点は引火点より約10℃ほど高い

図1　引火点、発火点、燃焼点の比較

試験によく出る第4類危険物の引火点&発火点

	引火点 (℃)	発火点 (℃)
ジエチルエーテル	-45	160
二硫化炭素	-30以下	90
ガソリン	-40以下	約300
ベンゼン	-11	―
アセトン	-20	―
メタノール	11	―
エタノール	13	―
灯　油	40以上	220
軽　油	45以上	220
重　油	60〜150	―
ギヤー油	220	―

・発火点が低いほど危険性が高い。
　二硫化炭素は90℃で、第4類では
　一番低くて危険である。

・発火点は、どのような危険物であっても
　必ず引火点より高い。

ガソリンの発火点 約300℃
　　　引火点 −40℃以下

図2　引火点、発火点

燃焼範囲（爆発範囲）
空気中において燃焼することができる可燃性蒸気の濃度範囲のこと。
液面に燃焼範囲の下限値の蒸気濃度を出すときの液温が引火点(引火点の定義2)である。

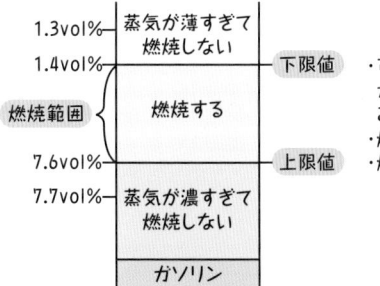

1.3vol%　蒸気が薄すぎて燃焼しない
1.4vol%　――――　下限値
燃焼範囲　燃焼する
7.6vol%　――――　上限値
7.7vol%　蒸気が濃すぎて燃焼しない
ガソリン

・可燃性蒸気は、薄すぎても濃すぎても燃焼しない。
　ガソリンの場合は、1.4〜7.6 vol%の間で燃焼する。
　これを燃焼範囲という。
・燃焼範囲は広いものほど危険
・燃焼範囲は、下限値が低いものほど危険

ガソリンの蒸気5L、空気100Lの場合の蒸気濃度の計算のしかた

$$可燃性蒸気の濃度 = \frac{可燃性蒸気の量(L)}{可燃性蒸気の量(L)+空気の量(L)} \times 100$$

$$= \frac{5L}{5L+100L} \times 100 = \frac{5}{105} \times 100 = \frac{500}{105} ≒ 4.8vol\%$$

図3　燃焼範囲の計算

19 その1 消火の基礎知識

虎の巻ポイント

❶除去消火とは、燃焼の三要素のうち〔可燃物〕を取り去って消火する方法である。

❷窒息消火とは、〔泡〕や二酸化炭素等を放射して、〔酸素〕の供給を絶つことによって消火する方法である。21%ある空気中の酸素濃度が、〔14 ～ 15%〕以下になれば、燃焼停止する。〔第４類〕には、最適の消火方法。

❸抑制作用による消火とは、粉末消火剤や〔ハロゲン化物〕消火剤を放射して、燃焼の連鎖を〔抑制〕・阻止して消火する方法である。

❹冷却消火とは、水をかけて〔熱源〕から熱を奪い、燃焼物を〔引火点以下〕に冷却して消火する方法である。

▶消火するには、燃焼の三要素である「可燃物」「酸素供給源」「点火源」のうち１つを取り除けばよい。

除去消火とは、可燃物を取り去って消火する方法。
酸素や点火源を取り去るものではない。

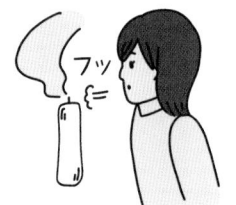

ローソクの火を吹き消す。
（ローソクから発生する可燃性蒸気が吹き飛び消火）

ガスの元栓を閉める

図1　除去消火

〈泡で燃焼物を覆い空気との接触を断つ〉
第4類の引火性液体には、最も効果のある方法

泡消火器

窒息消火が効果的でないのは？
第5類の危険物やセルロイドのように、
分子内に酸素を含有する物質の消火には効果がない

〈窒息消火の方法〉
次の消火剤で燃焼物を覆う
・泡消火剤　・リン酸塩類等の粉末消火剤　・ハロゲン化物消火剤　・二酸化炭素消火剤
・乾燥砂等（一般に空気中の酸素濃度が14〜15％以下で、燃焼は停止）

図2　窒息消火

〈ハロゲン化物の持つ抑制効果で消火する〉

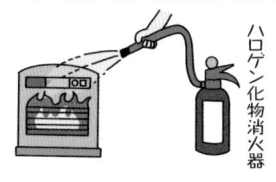
ハロゲン化物消火器

〈抑制作用を持つ消火剤〉
・ハロゲン化物消火剤
・リン酸塩類等の粉末消火剤等

図3　抑制作用による消火

〈水や強化液（棒状）消火剤を用いて、燃焼物を冷却して消火する〉

4類の引火性液体には
効果がないばかりか、
水に危険物が浮いて
火面が広がり
危険性が増すので使えない

やめろ！　水では消火できないからダメだー！
ガソリンの火災には、粉末消火器を使うんだ！

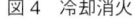

図4　冷却消火

消火器（消火剤）の種類と効果

虎の巻ポイント

❶水は〔気化熱（蒸発熱）〕及び〔比熱〕が大きいので冷却効果が大きい。

❷棒状の水（ホースの水）は〔油火災〕（効果がない。火面を拡大する）、〔電気火災〕（感電する）には使用できない。

❸強化液は、薬剤の冷却作用により〔普通火災〕に適応し、〔霧状〕に放射すれば〔抑制作用〕（負触媒作用）により〔油火災〕、電気火災にも適応する。また、〔再燃防止〕作用があり、凍結温度が約〔− 30℃〕なので、寒冷地でも使用できる。【普通火災：家屋、木材、紙等の火災のこと】

❹泡は燃焼物を覆って、空気を遮断して〔窒息消火〕する。
非水溶性の〔油火災〕（ガソリン等の第４類）には最適の消火剤である。

❺アルコール類、〔アセトン〕等の水溶性液体の消火には、〔水溶性液体用泡消火剤〕を使用する。【一般の消火剤では泡が消えるため】

❻二酸化炭素（炭酸ガス）は空気より〔重い〕ので、燃焼物を覆い窒息消火する。
室内では〔酸欠〕になるので、人を退出させて使用する。また、消火後の〔汚損〕が少ない。

❼ハロゲン化物は、窒息作用及び〔抑制作用〕（負触媒作用）により〔油火災〕及び電気火災に適応する。

❽リン酸塩類の粉末消火器は、〔窒息作用〕、抑制作用（負触媒作用）により、〔普通〕火災・〔油〕火災・〔電気〕火災に使用できる。

霧状の強化液

二酸化炭素消火器
ハロゲン化物消火器

リン酸塩類の粉末消火器

図1　油火災、電気火災の両方に適する消火器・消火剤

棒状の水→油、電気でダメ

棒状の強化液→油、電気でダメ

泡消火器→電気でダメ

図2　油火災、電気火災に適さない消火器・消火剤

19 その3 消火剤と適応火災のまとめ

		普通火災（A火災）	油火災（B火災）		電気火災（C火災）	消火効果
			非水溶性	水溶性		
1. 棒状の水		○	×	×	×	冷却
2. 強化液消火剤	棒状放射	○	×	×	×	冷却・再燃防
	霧状放射	○	○	○	○	冷却・抑制
3. 泡消火剤	一般	○	○	×	×	窒息・冷却
	水溶性液体用	−	−	○	−	
4. 二酸化炭素消火剤		×	○	○	○	窒息・冷却
5. ハロゲン化物消火剤		×	○	○	○	窒息・抑制
6. 粉末消火剤（炭酸水素酸塩類）		○（×）	○	○	○	窒息・抑制

○印は使用できる　×印は使用できない

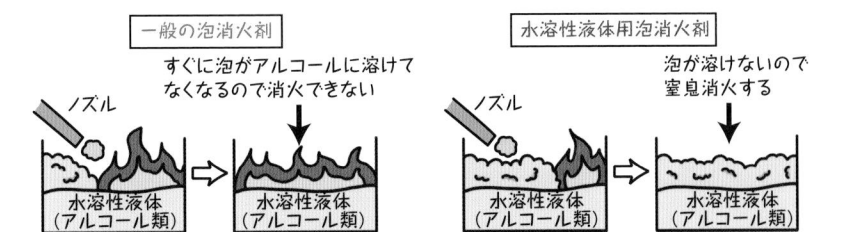

一般の泡消火剤

すぐに泡がアルコールに溶けて
なくなるので消火できない

ノズル

水溶性液体（アルコール類）　水溶性液体（アルコール類）

水溶性液体用泡消火剤

泡が溶けないので
窒息消火する

ノズル

水溶性液体（アルコール類）　水溶性液体（アルコール類）

ガソリンや灯油等の非水溶性液体（水に溶けない）の消火に最適な一般の泡消火剤は、水溶性液体（水に溶ける）のアルコール等やアセトンの消火に使用すると、泡がアルコール等に溶けてなくなる。このため窒息消火ができないので、アルコール等に泡が溶けない水溶性液体用泡消火剤が必要

図1　水溶性液体用泡消火剤

①強化液消火剤	×第4類の危険物火災に、棒状に放射する強化液消火剤は効果的である ×水溶性の危険物の火災には、棒状の強化液の放射が最も効果的である
②二酸化炭素消火剤	○二酸化炭素消火剤の消火の原理は、酸素を希釈する窒息効果である ○圧縮すると容易に液化しやすく、電気絶縁性が高いので、電気設備用としても用いられる ×二酸化炭素消火剤は、燃焼の連鎖反応を断ち切る負触媒効果（抑制効果）がある
③リン酸塩類等の消火粉末	×リン酸塩類を主成分とする消火粉末は、防炎性をもち、木材等の火災にのみ適応する ×リン酸塩類の消火粉末は、油火災および電気火災には適応するが、木材等の普通火災には適応しない ×粉末消火剤は、主として冷却消火により消火するものであり、石油類の火災に適応する

図2　こう出たら○（正）　こう出たら×（誤）（最近の試験に関連するもの）

自然発火・粉じん爆発・他

虎の巻ポイント

❶自然発火とは、他から火源を与えないでも、物質が常温の空気中で自然に〔発熱〕し、その熱が長期間蓄積されて、ついに〔発火点〕に達し燃焼を起こすことをいう。

❷一般に〔動植物油類〕のような不飽和成分（二重結合などを持つ物質）を多く含む危険物は、〔自然発火〕しやすい。

❸ヨウ素価とは、油脂〔100g〕に吸収されるヨウ素のg数で表す。ヨウ素価の〔大きい〕油は、〔乾性油〕といわれ自然発火しやすい。

❹有機化合物の粉じん爆発では、〔不完全燃焼〕を起こしやすく、生成ガス中に〔一酸化炭素〕が多量に含まれ中毒を起こしやすい。

▶動植物油には、不乾性油（ヨウ素価 100 以下）、半乾性油（ヨウ素価 100 〜 130）、乾性油（ヨウ素価 130 以上）がある。とくにヨウ素価の大きいアマニ油等の乾性油は、自然発火を起こしやすい。

・酸化熱による発熱 ➡ アマニ油、キリ油等の乾性油、石炭、金属粉等

ヨウ素価の大きいアマニ油のしみ込んだ
ぼろ布等を放置すると、空気との接触面積が
大きく酸化されやすくなり、酸化熱が
蓄積されて発火点に達し自然発火することがある

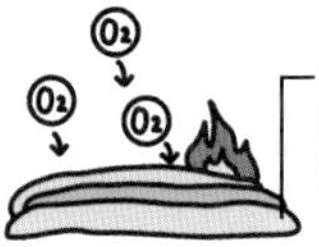

・分解熱による発熱 ➡ セルロイド、ニトロセルロース
・吸着熱による発熱 ➡ 活性炭、木炭粉末
・発酵熱による発熱 ➡ たい肥、ゴミ

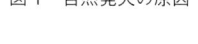

アマニ油の
しみ込んだ
ぼろ布

酸化熱でぼろ布の
温度が徐々に上昇する

●自然発火しやすい状態
・発熱が大きい　・蓄熱しやすい　・適度な湿気や水分がある
・繊維状、粉末状で表面積が大きい（空気との接触面積が大きい）

図1　自然発火の原因

●貯蔵場所の換気をよくする

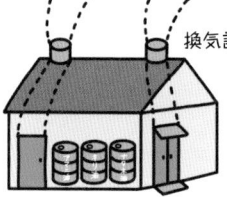

換気設備

換気すると室温が
上昇するのを防ぎ、
ドラム缶を冷却する
効果がある。

●アマニ油等の乾性油が染み込んだ、
ぼろ布等を放置しない。
法令に従って、1日1回以上安全な場所
及び方法で処理する。

図2　自然発火の予防策

[1] 燃焼の基礎知識などに関して、正しいものには○を、誤っているものには×をせよ。

1．燃焼とは、熱と光の発生を伴う酸化反応である。

2．電気火花、二酸化炭素、空気は、燃焼の三要素がそろっているので燃焼する。

3．窒素は燃焼の三要素のうち、可燃物または酸素供給源に該当しない。

4．可燃物は、どんな場合であっても、空気がなければ燃焼しない。

5．二酸化炭素は、酸素と結合しないので燃焼しない。

[2] 燃焼の基礎知識などに関して、正しいものには○を、誤っているものには×をせよ。

1．燃焼が起こるための酸化剤として、二酸化炭素や酸化鉄などの酸化物に含まれる酸素が使われることはない。

2．酸素の同素体としてオゾンがあるが、両者の性状はほぼ同一である。

3．気化熱や融解熱は、点火源になる。

4．炭素と水素からなる有機化合物が完全燃焼すると、二酸化炭素と水が生成する。

5．石油類は酸素の供給が不足すると、不完全燃焼を起こして一酸化炭素が発生する。

答えあわせ

[1] 燃焼の基礎知識などに関して、正しいものには○を、誤っているものに
は×をせよ。

○1. 燃焼とは、熱と光の発生を伴う酸化反応である。

×2. 電気火花、二酸化炭素、空気は、燃焼の三要素がそろっているので燃
焼する。
　　　→点火源　　可燃物でない　→酵素供給源

○3. 窒素は燃焼の三要素のうち、可燃物または酸素供給源に該当しない。

×4. 可燃物は、どんな場合であっても、空気がなければ燃焼しない。
　　　　　　　　　　　　　　第1類か第6類の酸素があれば燃焼する

○5. 二酸化炭素は、酸素と結合しないので燃焼しない。

[2] 燃焼の基礎知識などに関して、正しいものには○を、誤っているものに
は×をせよ。

×1. 燃焼が起こるための酸化剤として、二酸化炭素や酸化鉄などの酸化
物に含まれる酸素が使われることはない。
　　　　　　　酸素が使われて燃焼することがある

×2. 酸素の同素体としてオゾンがあるが、両者の性状はほぼ同一である。
　　　　　　　　　　　　　　　　　　　　　　異なっている

×3. 気化熱や融解熱は、点火源になる。
　　　　　　　　　　点火源ではない

○4. 炭素と水素からなる有機化合物が完全燃焼すると、二酸化炭素と水が生
成する。

○5. 石油類は酸素の供給が不足すると、不完全燃焼を起こして一酸化炭素が
発生する。

［3］ 燃焼の仕方・燃焼の難易に関して、正しいものには○を、誤っているものには×をせよ。

1. 可燃性液体の通常の燃焼の仕方は、液体の表面から発生する蒸気が空気と混合して燃焼する。

2. メタノールのように、発生した蒸気が燃焼することを蒸発燃焼という。

3. 重油の燃焼の仕方は、表面燃焼である。

4. 硫黄は融点が発火点（着火温度）より低いため、融解しさらに蒸発して燃焼する。これを分解燃焼という。

5. 木材、紙、プラスチックなどの可燃性固体を加熱すると、可燃性ガスが発生し、それが燃焼することを分解燃焼という。

［4］ 燃焼の仕方・燃焼の難易に関して、正しいものには○を、誤っているものには×をせよ。

1. 木炭、コークスなどの可燃性固体を加熱したとき、赤熱しながら燃焼することを表面燃焼という。

2. 熱伝導率が大きい物質ほど燃焼しやすい。

3. 金属を粉体にすると燃えやすくなる理由は、単位重量当たりの表面積が大きくなるからである。

4. 体膨張率は、燃焼の難易に直接関係がない。

5. 拡散燃焼では、酸素の供給が多いと燃焼は激しくなる。

［3］ 燃焼の仕方・燃焼の難易に関して、正しいものには○を、誤っているものには×をせよ。

○1．可燃性液体の通常の燃焼の仕方は、液体の表面から発生する蒸気が空気と混合して燃焼する。

○2．メタノールのように、発生した蒸気が燃焼することを蒸発燃焼という。

×3．重油の燃焼の仕方は、~~表面燃焼~~である。（蒸発燃焼）

×4．硫黄は融点が発火点（着火温度）より低いため、融解しさらに蒸発して燃焼する。これを~~分解燃焼~~という。（蒸発燃焼）

○5．木材、紙、プラスチックなどの可燃性固体を加熱すると、可燃性ガスが発生し、それが燃焼することを分解燃焼という。

［4］ 燃焼の仕方・燃焼の難易に関して、正しいものには○を、誤っているものには×をせよ。

○1．木炭、コークスなどの可燃性固体を加熱したとき、赤熱しながら燃焼することを表面燃焼という。

×2．熱伝導率が~~大きい~~物質ほど燃焼しやすい。（小さい）

○3．金属を粉体にすると燃えやすくなる理由は、単位重量当たりの表面積が大きくなるからである。⇨ 空気に触れる面積が大きくなる

○4．体膨張率は、燃焼の難易に直接関係がない。

○5．拡散燃焼では、酸素の供給が多いと燃焼は激しくなる。

[5] 引火点、発火点、燃焼範囲などに関して、正しいものには○を、誤って いるものには×をせよ。

1．引火点とは、可燃性液体が空気中で点火したとき、燃焼するのに十分な 濃度の蒸気を液面上に発生する最低の液温をいう。

2．引火点に達すると液体表面から蒸気が発生し、液体内部からも気化が起 こり始める。

3．引火点とは、可燃性液体の燃焼範囲の下限値の濃度の蒸気を発生すると きの液体の温度をいう。

4．発火点とは、可燃性物質を加熱した場合、火源がなくても自ら発火する 最低の液温をいう。

5．同一の可燃性物質にあっては、引火点の方が発火点より高い数値を示 す。

[6] 引火点、発火点、燃焼範囲などに関して、正しいものには○を、誤って いるものには×をせよ。

1．同一の可燃性物質においては、一般に燃焼点のほうが引火点より高い数 値を示す。

2．燃焼範囲とは、空気中において可燃性蒸気が燃焼することができる濃度 範囲のことである。

3．ガソリンの燃焼範囲の下限値は 1.4vol％であるが、内容量 100L の容 器中にガソリン蒸気 1.4 L と空気 98.6 L の混合気体が入っている場合 は、点火すると燃焼する。

4．燃焼範囲が狭いほど、また燃焼範囲の下限値が大きいほど危険性が大き い。

5．温度が上昇すると、燃焼反応の速度が増加し、燃焼範囲が広くなる傾向 にある。

答えあわせ

[5] 引火点、発火点、燃焼範囲などに関して、正しいものには○を、誤って
いるものには×をせよ。

○1. 引火点とは、可燃性液体が空気中で点火したとき、燃焼するのに十分な
濃度の蒸気を液面上に発生する最低の液温をいう。⇨ 引火点の定義1

×2. 引火点に達すると液体表面から蒸気が発生し、~~液体内部からも気化が起~~
~~こり始める。~~ これは沸騰なので誤っている

○3. 引火点とは、可燃性液体の燃焼範囲の下限値の濃度の蒸気を発生すると
きの液体の温度をいう。⇨ 引火点の定義2

○4. 発火点とは、可燃性物質を加熱した場合、火源がなくても自ら発火する
最低の液温をいう。⇨ 発火点の定義

×5. 同一の可燃性物質にあっては、~~引火点の方が発火点より高い~~数値を示
す。 発火点の方が、引火点より必ず高い

[6] 引火点、発火点、燃焼範囲などに関して、正しいものには○を、誤って
いるものには×をせよ。

○1. 同一の可燃性物質においては、一般に燃焼点のほうが引火点より高い数
値を示す。

○2. 燃焼範囲とは、空気中において可燃性蒸気が燃焼することができる濃度
範囲のことである。⇨ 燃焼範囲の定義

○3. ガソリンの燃焼範囲の下限値は1.4vol%であるが、内容量100Lの容
器中にガソリン蒸気1.4Lと空気98.6Lの混合気体が入っている場合
は、点火すると燃焼する。⇨ 燃焼範囲を計算すると 1.4vol%となる

×4. 燃焼範囲が~~狭い~~ほど、また燃焼範囲の下限値が~~大きい~~ほど危険性が大き
い。 広い / 小さい

○5. 温度が上昇すると、燃焼反応の速度が増加し、燃焼範囲が広くなる傾向
にある。

学期 基礎的な物理学／化学 ②

実力テスト

[7] 消火の基礎知識に関して、正しいものには○を、誤っているものには×
をせよ。

1. 除去消火とは、酸素と点火源を同時に取り去って消火する方法である。

2. 水による消火は、燃焼に必要な熱エネルギーを取り去る冷却効果が大き
い。これは水が大きな蒸発熱と比熱を有するからである。

3. セルロイドのように分子内に酸素を含有する物質は、窒息効果による消
火が効果的である。

4. 少量のガソリンが燃えていたので、二酸化炭素消火器で消した。これは
窒息効果によるものである。

5. リン酸塩類を主成分とする消火粉末は、防炎性をもち、木材等の火災に
のみ適応する。

[8] 消火の基礎知識に関して、正しいものには○を、誤っているものには×
をせよ。

1. ハロゲン化物消火剤、粉末消火剤（炭酸水素ナトリウム）には、抑制効
果がある。

2. 容器内で燃焼している動植物油に注水すると危険な理由は、水が激しく
沸騰し、燃えている油を飛散させるからである。

3. 二酸化炭素消火剤の消火の原理は、酸素を希釈する窒息効果である。

4. 泡消火剤は、泡で燃焼物を覆うので窒息効果があり、油火災には適応す
るが紙や木の火災には適さない。

5. 二酸化炭素、ハロゲン化物、消火粉末は、油火災と電気設備火災のいず
れにも適応する消火剤である。

答えあわせ

[7] 消火の基礎知識に関して、正しいものには○を、誤っているものには×
をせよ。

× 1. 除去消火とは、~~酸素と点火源を同時に取り去って~~消火する方法である。
（可燃物を取り去って）

○ 2. 水による消火は、燃焼に必要な熱エネルギーを取り去る冷却効果が大き
い。これは水が大きな蒸発熱と比熱を有するからである。

× 3. セルロイドのように分子内に酸素を含有する物質は、~~窒息効果による消火が効果的である。~~
（分子内から酸素が供給されるので、窒息消火はできない）

○ 4. 少量のガソリンが燃えていたので、二酸化炭素消火器で消した。これは
窒息効果によるものである。

× 5. リン酸塩類を主成分とする消火粉末は、防炎性をもち、~~木材等の火災にのみ適応する。~~
（木材等の普通火災、油火災、電気火災とすべての火災に適応する）

[8] 消火の基礎知識に関して、正しいものには○を、誤っているものには×
をせよ。

○ 1. ハロゲン化物消火剤、粉末消火剤（炭酸水素ナトリウム）には、抑制効
果がある。

○ 2. 容器内で燃焼している動植物油に注水すると危険な理由は、水が激しく
沸騰し、燃えている油を飛散させるからである。

○ 3. 二酸化炭素消火剤の消火の原理は、酸素を希釈する窒息効果である。

× 4. 泡消火剤は、泡で燃焼物を覆うので窒息効果があり、油火災には適応す
るが紙や木の火災には~~適きない~~。
（適する）

○ 5. 二酸化炭素、ハロゲン化物、消火粉末は、油火災と電気設備火災のいず
れにも適応する消火剤である。

[9] 次の消火についての記述で、正しいものには○を、誤っているものには×をせよ。

A．空気中の酸素濃度を低下させて消火する方法を、除去消火という。

B．可燃物の供給を遮断して消火する方法を、窒息消火という。

C．燃焼に必要な可燃物を取り去ることによる消火を、除去消火という。

D．可燃物の温度を下げることにより消火する方法を、冷却消火という。

[10] 自然発火・粉じん爆発などに関して、正しいものには○を、誤っているものには×をせよ。

1．動植物油の自然発火は、油が空気中で酸化され、この反応で発生した熱が蓄積されて発火点に達すると起こる。

2．自然発火は、一般に乾きやすい油ほど起こりやすく、この乾きやすさを油脂 100g に吸収されるヨウ素のグラム数で表したものをヨウ素価という。

3．不飽和結合の多い乾性油は、空気中の酸素と結合しやすく自然発火するものがある。

4．有機化合物の粉じん爆発では、燃焼が完全になるので一酸化炭素が発生することはない。

5．可燃性粉体は空気中に漂い、酸素分子と均一に混合され燃焼するので完全燃焼しやすい。

答えあわせ

[9] 次の消火についての記述で、正しいものには○を、誤っているものには
　　×をせよ。

×A．空気中の酸素濃度を低下させて消火する方法を、~~除去消火~~^{窒息消火}という。

×B．可燃物の供給を遮断して消火する方法を、~~窒息消火~~^{除去消火}という。

○C．燃焼に必要な可燃物を取り去ることによる消火を、除去消火という。

○D．可燃物の温度を下げることにより消火する方法を、冷却消火という。

[10] 自然発火・粉じん爆発などに関して、正しいものには○を、誤ってい
　　　るものには×をせよ。

○1．動植物油の自然発火は、油が空気中で酸化され、この反応で発生した熱
　　　が蓄積されて発火点に達すると起こる。

○2．自然発火は、一般に乾きやすい油ほど起こりやすく、この乾きやすさを
　　　油脂100gに吸収されるヨウ素のグラム数で表したものをヨウ素価と
　　　いう。

○3．不飽和結合の多い乾性油は、空気中の酸素と結合しやすく自然発火する
　　　ものがある。

×4．有機化合物の粉じん爆発では、~~燃焼が完全になるので一酸化炭素が発生することはない。~~^{不完全燃焼しやすいので一酸化炭素が発生する}

×5．可燃性粉体は空気中に漂い、~~酸素分子と均一に混合され燃焼するので完全燃焼しやすい。~~^{粉じんは、気体に比べ酸素分子と均一に混合されにくいので不完全燃焼しやすい}

虎の巻ポイント

❶不導体や絶縁体は、静電気が発生〔しやすい〕。電気の流れない物質に発生し帯電する。

❷静電気は、非水溶性の〔ガソリン〕やベンゼン等には発生しやすく、〔水溶性〕のアルコールや〔アセトン〕等には発生しにくい。

❸流速が〔速い〕場合や流れが〔乱れる〕と、静電気が発生しやすい。

❹湿度が〔低い〕（乾燥している冬季等）ほど静電気が発生しやすく、蓄積しやすい。

❺ナイロンやポリエステル等の〔合成繊維〕や毛糸は、〔木綿〕より静電気が発生しやすい。

▶電気の不導体（不良導体）や絶縁体（電気が流れないもの）を摩擦すると、その物体に静電気が発生し蓄積（帯電）する。静電気が蓄積すると火花放電を起こし点火源となる。

静電気！びっくりしたー！

●車を運転すると、着用している衣服（不導体）と車のシート（不導体）との摩擦により、静電気が発生し帯電する
●乾燥している冬季は、湿度が低く静電気が漏れにくい（逃げれない）ので、指先とドアハンドルとの間で、静電気により火花を発生することが多くなる

図1　静電気の発生

静電気が発生する物品
非水溶性の第4類の危険物

静電気が発生しにくい物品
水溶性の第4類の危険物

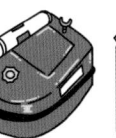

ガソリン　灯油　ベンゼン　メタノール　アセトン

静電気	発生する物体	発生する物品名（例）
発生する	不導体、不良導体、絶縁体という	合成繊維・毛糸・ガラス・プラスチック等・ガソリン・灯油軽油・ベンゼン等の非水溶性（水に溶けない）の第4類の危険物
発生しにくい	導体、良導体という	金・銀・銅などの金属や水等・アルコール・アセトン等の水溶性（水に溶ける）の第4類の危険物

図2　静電気が発生する物品、発生しにくい物品

静電気の事故の防止対策

21 その2

① 計量機周辺での静電気の対策

給油する前に静電気除去シートに触って静電気を逃がすのね！

計量機のノズルのレバーを弱く握ると、ガソリンの流れがゆっくりになって、静電気の発生が少なくなるのね！

散水して湿度を高め、静電気を逃がす

静電気除去シート

図1　給油取扱所の計量機周辺での静電気の発生と対策

② 移動タンク貯蔵所での静電気の対策

静電気防止のため、引火点40℃未満の危険物は、移動タンク貯蔵所のエンジンを止めてゆっくり荷下ろしする

〈誤っている防止策〉
パイプやホースに流れる危険物の流れを速くすると、流動摩擦などが増えるので、静電気の発生は増加し危険性が増す

アース線を接地電極に接続して、静電気を地中に逃がす

〈誤っている防止策〉
絶縁して静電気を防止する。絶縁とはアース線を外すことなので、静電気の除去はできない

流速を小さくする

図2　移動タンク貯蔵所での静電気の発生と対策

③ ユニフォームに関する静電気の対策

静電気火災発生の原因の多くは、化学繊維製の衣服と手袋である。化学繊維は木綿などと比較して、静電気の発生や帯電が多くなる。→静電気除去シートに触れる

給油取扱所では静電気対策として、帯電防止服、帯電防止靴などを着用して事故の防止を図っている

静電気除去シートの活用

素手　　手袋

図3　ユニフォームに関する静電気の発生と対策

2 学期 基礎的な物理学/化学

過去問チェック　静電気
「こう出たら○」「こう出たら×」

○電気の不導体を摩擦すると、静電気が発生する。

×一般に静電気が蓄積すると発熱し、その物質は蒸発しやすくなる。
　⇨ 静電気が蓄積しても、物質が発熱や蒸発することはない。

×引火性液体に帯電すると電気分解が起こる。
　⇨ 静電気が帯電しても、放電は一瞬なので電気分解は起こらない。

×導体に帯電体を近づけると、導体と帯電体は反発する。
　⇨ 導体（電気を通す物体）に帯電体（静電気を帯びた物体）を近づけると、
　　導体と帯電体は静電誘導により吸引する。

×物体に発生した静電気は、すべて蓄積され続ける。
　⇨ 静電気は湿気などにより漏れる（逃げる）ので、すべて蓄積され続ける
　　ことはない。

×不導体における静電気の帯電防止策として、粉体はよくかくはんする。
　⇨ 粉体をかくはんすると、粉体間の摩擦、衝突などでさらに静電気が発生
　　し帯電して危険である。

×静電気は、その物質の絶縁抵抗が大きいほど帯電しにくい。
　⇨ 絶縁抵抗が大きいガソリンやベンゼンは、小さいアルコール、アセトン
　　より静電気が発生しやすく、帯電しやすい。

×人体に帯電しないように、絶縁性の大きい靴を着用する。
　⇨ 絶縁性の大きい靴は電気が流れないので、人体には余計に帯電する。

×静電気の蓄積防止策として、タンク類などを絶縁する方法がある。
　⇨ 絶縁とは接地線（アース線）を取り外すことなので、蓄積防止策にはな
　　らない。

○物体がもつ電気を電荷といい、その量を電気量という。

×電荷には正電荷と負電荷の2種類があり、同種の電荷は引力が働く。
　⇨ 引力（引っ張り合う力）は正電荷と負電荷との異種の電荷の間で働く。

○静電気の防止策として、接触面積を大きくしたり、接触状態にあるも
のを急激にはがす等は誤っている。

×物体間で電荷のやりとりがあると、電気量は減少する。
　⇨ 物体間で電荷のやりとりがあっても、電気量の総和は変化しない。

×非水溶性液体の貯蔵タンク等でミキサーを用いるときは、空気か不活性ガス
によりかくはんする。
　⇨ 空気によるかくはんは、酸素濃度が高くなるおそれがあり、危険である。

○引火性液体をタンクに充填する場合、静電気による災害防止のため、
水、空気等の混入を防ぐ。

物理１－物質の三態

虎の巻ポイント

❶物質は、条件（〔温度〕や圧力）によって固体、液体、気体に変化する。これは、〔物理〕変化で物質の三態という。

❷気体が液体になることを〔凝縮〕、液体が固体になることを〔凝固〕という。

❸０℃の氷と０℃の水が存在するのは、〔融解熱〕のため。

❹ドライアイスが徐々に小さくなるのは、〔昇華〕のため。

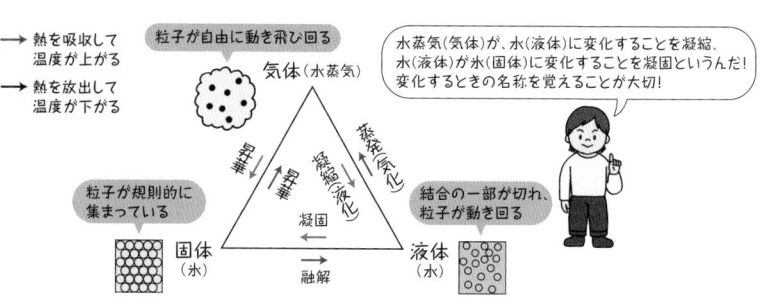

図１　物質の三態の変化

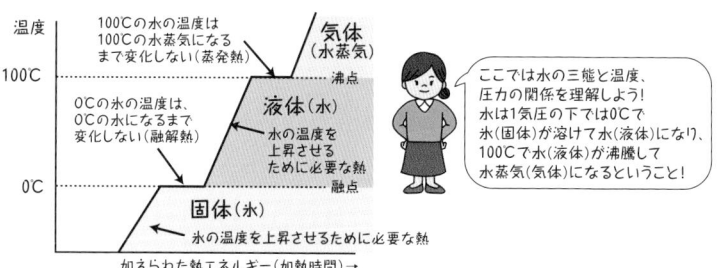

図２　水の三態の変化

図３　水の状態図

物理2－沸　騰

虎の巻ポイント

❶沸点とは、液体の〔飽和蒸気圧〕が〔外気の圧力〕に等しくなるときの液温をいう。水の沸点は、1気圧において〔100℃〕である。

❷沸点は加圧すると〔高く〕なり、減圧すると〔低く〕なる。

❸沸点が低い液体ほど蒸発〔しやすく〕、引火の危険性が〔高〕い。

▶一定圧力のもとで液体を加熱すると、液体の表面ばかりでなく液体の内部からも蒸発が激しく気泡が発生する。この現象を沸騰という。

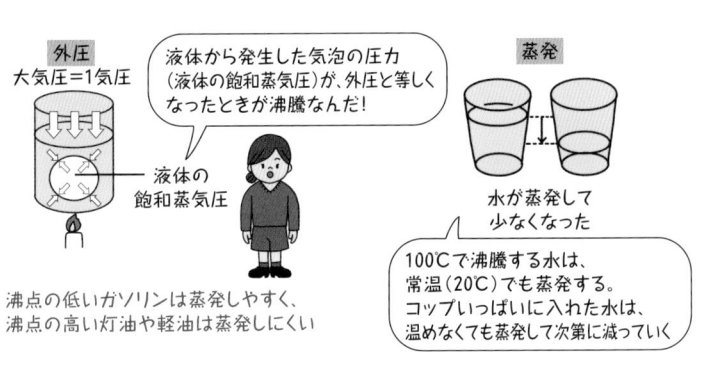

外圧
大気圧＝1気圧

液体から発生した気泡の圧力（液体の飽和蒸気圧）が、外圧と等しくなったときが沸騰なんだ！

液体の飽和蒸気圧

蒸発

水が蒸発して少なくなった

100℃で沸騰する水は、常温（20℃）でも蒸発する。コップいっぱいに入れた水は、温めなくても蒸発して次第に減っていく

沸点の低いガソリンは蒸発しやすく、沸点の高い灯油や軽油は蒸発しにくい

図1　沸騰と蒸発の違い

圧力の高いとき（加圧）
家庭で 圧力釜で炊飯
→水は約120～130℃で沸騰

温度の高い圧力釜（圧力鍋）のほうが、ご飯は絶対においしいはず！

圧力が変わると沸騰する温度も変わるんだー！

圧力の低いとき（減圧）
圧力が低い富士山頂で普通の釜で炊飯
→水は約90℃で沸騰

圧力（外圧）が高くなれば、沸点も高くなる

圧力が低くなれば、沸点も低くなる

図2　圧力の高低による沸点の変化

物理3－比　重

虎の巻ポイント

❶液体（固体）の比重は、〔水〕が基準で比重は〔1.0〕である。
　気体の比重（蒸気比重）は、〔空気〕が基準で1.0である。
❷液比重が0.7のガソリンは、水の〔0.7倍〕の重さである。
　（➡水より軽いので浮く）
❸二硫化炭素の液比重は、1.3で水より〔重〕く、水に〔沈む〕。
❹ガソリンの〔蒸気比重〕（気体の比重）は3〜4で、空気より重いので〔低〕
　いところに〔滞留〕し危険である。
❺第4類の危険物の蒸気比重は、〔全部1以上〕で、空気より〔重〕い。
▶第4類の危険物は、大半が比重は水より軽く水に溶けない。水を消火に使うと、
　燃焼中の危険物が水に浮き、消火できずに火面が広がる。

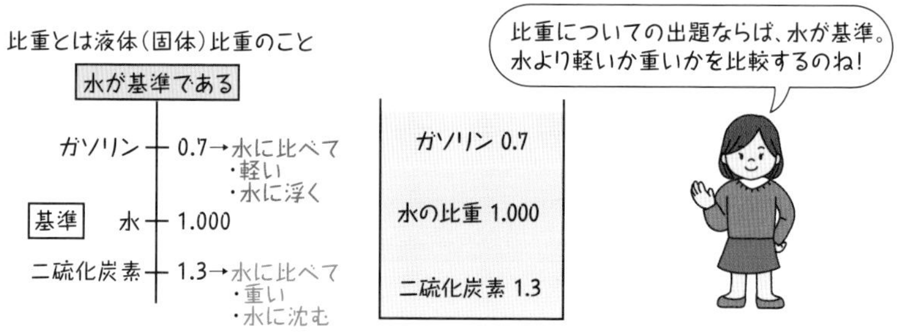

比重とは液体（固体）比重のこと
　　　水が基準である

ガソリン ─ 0.7 →水に比べて
　　　　　　　　　・軽い
　　　　　　　　　・水に浮く
基準　水 ─ 1.000
二硫化炭素 ─ 1.3 →水に比べて
　　　　　　　　　・重い
　　　　　　　　　・水に沈む

比重についての出題ならば、水が基準。
水より軽いか重いかを比較するのね！

ガソリン 0.7

水の比重 1.000

二硫化炭素 1.3

図1　液体の比重

ガソリンが蒸発したときの気体の比重
　　　空気が基準である

水素（燃える）─ 0.07
ヘリウム（燃えない）─ 0.14 →空気に比べて軽い
基準　空気 ─ 1.000
ガソリン ─ 3〜4 →空気に比べて
灯油、軽油 ─ 約4.5　　・重い
　　　　　　　　　　　・低所に滞留

ガソリンの蒸気は、軽くて上に
向かっていくものだと思っていたけど、
重いので溝やくぼみが危ないのかー！

第4類の危険物の蒸気比重は、
全て1以上で空気より重い

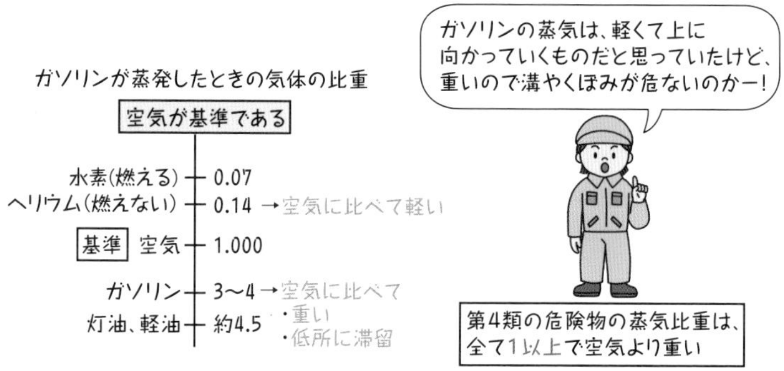

図2　気体の比重（蒸気比重）

虎の巻ポイント

❶気体を圧縮して〔圧力〕を２倍にすると、〔体積〕は 1/2（半分）になる。

❷圧力が一定ならば、気体は温度が〔１℃〕上昇するごとに、０℃のときの体積の〔1/273〕（273 分の１）ずつ体積を増す。

❸〔潮解〕とは、固体が空気中の水分を吸収して、〔自ら溶ける〕現象である（岩塩、塩素酸ナトリウム等）。

❹〔風解〕とは、固体（結晶水を含んだ物質）の水分が蒸発して〔粉末状〕になる現象である。

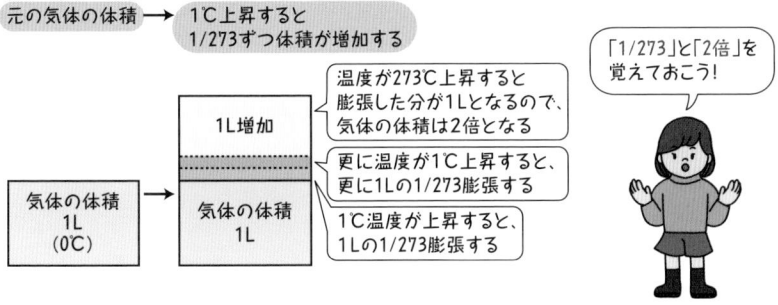

元の気体の体積 → 1℃上昇すると 1/273 ずつ体積が増加する

温度が273℃上昇すると膨張した分が１Lとなるので、気体の体積は２倍となる

1L増加

更に温度が１℃上昇すると、更に1Lの1/273膨張する

気体の体積 1L (0℃)

気体の体積 1L

1℃温度が上昇すると、1Lの1/273膨張する

「1/273」と「2倍」を覚えておこう！

図１　気体は温度が１℃上昇すると？（圧力一定）

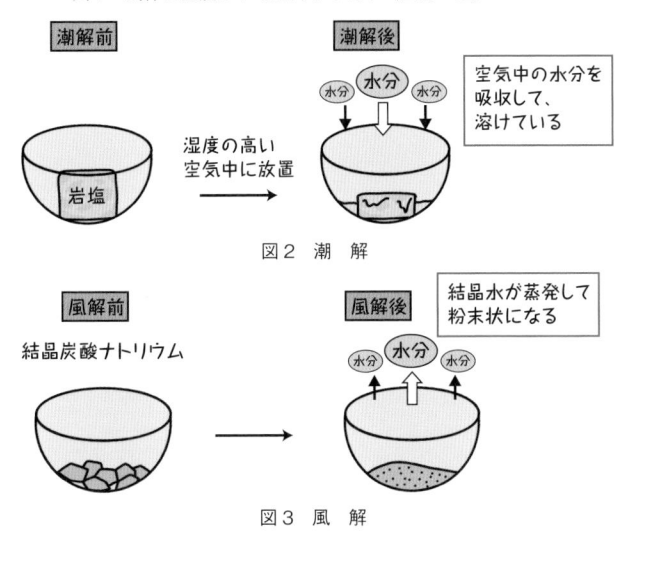

潮解前　　　　　潮解後

岩塩

湿度の高い空気中に放置

水分

空気中の水分を吸収して、溶けている

図２　潮　解

風解前　　　　　風解後

結晶炭酸ナトリウム

水分

結晶水が蒸発して粉末状になる

図３　風　解

22
その5

物理 5 －比熱と熱容量・熱量の計算

虎の巻ポイント

❶比熱とは、物質〔1g〕の温度を〔1℃〕（1K）上昇させるのに必要な熱量である。水の比熱は、約〔4.2〕J／(g・K) である。→ K はケルビンと読む。

❷比熱の〔大きい〕水は、温まりにくく冷めにくい。また、燃焼物から熱を奪う作用が〔大きい〕ので、この性質を利用して〔消火〕に利用される。

❸熱容量とは、ある物体の温度を〔1℃〕だけ上昇させるのに必要な熱量である。

▶比熱は冷却消火に必要な項目なので、しっかりと覚えよう！

2学期　基礎的な物理学／化学

【比熱】
物質1gの温度を1℃(1K)
上昇させるのに必要な熱量

1g

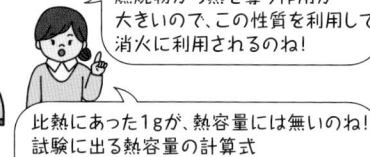

水の比熱は4.2で、物質中で一番大きいんです！比熱の大きい水は、燃焼物から熱を奪う作用が大きいので、この性質を利用して消火に利用されるのね！

比熱にあった1gが、熱容量には無いのね！試験に出る熱容量の計算式C=mcを必ず覚えよう！

【熱容量】
ある物質の温度を1℃(1K)
上昇させるのに必要な熱量

ある物質

● 熱容量の計算式
C（熱容量）＝ m（質量）× c（比熱）

図1　比熱と熱容量

● 熱量の計算式
熱量（J）＝ 質量（g）× 比熱 × 温度差（℃）

【問題】比熱2.5J/(g・K)である液体100gの温度を、10℃から30℃まで上昇させるのに要する熱量は何kJか

①計算式に当てはめる
熱量（J）＝100(g)×2.5×(30－10)(℃)＝ 5,000J

②JからkJへの換算
1,000m→1kmの換算と同様に、
5,000Jを1,000で割ればよいので
5,000J ÷ 1,000 ＝ 5.0kJ

液体100gは、質量(g)と単位が同じだから、ここに入れればいいのね！JからkJへの換算も難しくないね！これならかんたんに解けそう！

図2　熱量の計算

物理6－熱の移動、熱膨張、ガソリンの膨張計算

虎の巻ポイント

❶熱伝導率の〔小さい〕ものほど熱が伝わりにくく燃え〔やすい〕。

❷アルミニウムのような金属も〔粉末〕にすると、見かけ上の熱伝導率が〔小さく〕なり燃えやすくなる。

❸〔対流〕とは、薪でふろを沸かすと火に近い下部よりも上部が〔温かく〕なる現象。（➡水は温まると比重が軽くなり上部に移動する）

❹〔放射〕とは、太陽に照らされると放射熱が〔真空中〕であっても伝わって温かくなる現象。

▶熱伝導率の小さい可燃物は、大きなものに比べて燃えやすい。また、金属を粉体にすると燃えやすくなる。

熱が高温部から低温部へと伝わっていく現象

熱伝導率	大	小
炎に近い部分の可燃物の温度	低い	高い(注)
燃えやすさ	燃えにくい	燃えやすい

熱伝導率が小さい物ほど熱が伝わりにくく逃げないので、温められた部分の温度が早く上がり火が着く。熱伝導率は固体が大きく、気体は一番小さい

熱伝導率は、小さいほうが燃えやすいのか！

熱伝導率が大きい　熱伝導率が小さい

熱が逃げる
約200℃

熱がたまる
約600℃

図1　伝導

ふろの湯の、上が温かくて下が冷たい理由がわかったわ！

放射熱は、空気中でも真空中でも伝わってくるのか！

対流　水は温まると比重が軽くなり上部に移動する　対流は液体、気体に起こる

放射

ガソリンの膨張した分(L) ＝ ガソリンの元の体積(L) × ガソリンの体膨張率 × 温度差(℃)

図2　対流と放射、ガソリンの膨張計算

化学1－物理変化・化学変化

虎の巻ポイント

❶物理変化とは、液体の水が固体の氷や気体の〔水蒸気〕になるような変化。

❷原油を蒸留して〔ガソリン〕や灯油、軽油を作るのは、〔物理変化〕である。

❸ドライアイスが〔二酸化炭素〕になるのは、物理変化である。

❹化学変化とは、ガソリンが燃焼して〔二酸化炭素〕と〔水〕ができるように、ある物質が〔性質〕の異なる別の物質になる変化をいう。

❺鉄が空気中で〔さびて〕ぼろぼろになるのは、〔化学変化〕である。

▶原油を蒸留してガソリンを作る物理変化、ガソリンが燃焼して二酸化炭素と水ができる化学変化、大切だからこの2つは覚えておこう。

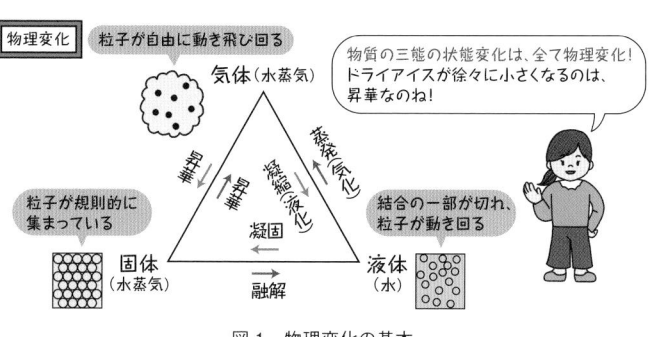

図1　物理変化の基本

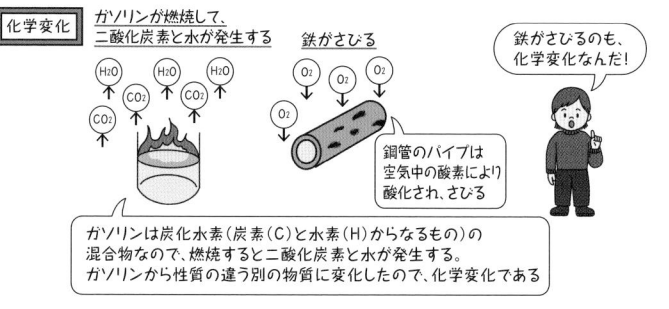

図2　化学変化の基本

化学2－単体・化合物・混合物

❶単体とは、1種類の〔元素〕からできている物質で、〔炭素〕（C）や酸素（O_2）等である。

❷化合物とは、〔2種類〕以上の元素からできている物質で、水（H_2O）や〔二酸化炭素〕（CO_2）等である。

❸混合物とは、2種類以上の物質が単に〔混じり合った〕もので、〔空気〕（O_2、N_2）やガソリン等の石油製品がある。

❹同素体とは、〔同じ〕元素からできていて性質の異なる単体のこと。〔酸素とオゾン〕、赤リンと黄リン等である。

▶混合物が一番重要なので物品名を必ず覚えよう。

<u>単体</u> → 1種類の元素からできている
酸素（O_2）、水素（H_2）、炭素（C）、窒素（N_2）、硫黄（S）等

<u>化合物</u> → 2種類以上の元素からできている
水（H_2O）、二酸化炭素（CO_2）、塩化ナトリウム（NaCl）
メタノール（CH_3OH）、ベンゼン（C_6H_6）等

<u>混合物</u> → 2種類以上の物質が単に混じり合ったもの
　　　O_2、N_2　　　　NaCl、H_2O
空気（酸素、窒素）、食塩水（食塩、水）や海水
その他の混合物：ガソリン、灯油、重油等の石油製品

<u>同素体</u> → 同じ元素からできていて、性質の異なるもの
酸素とオゾン、赤リンと黄リン、単斜硫黄と斜方硫黄、
ダイヤモンドとグラファイト（黒鉛）

酸素（O_2）は単体、
水（H_2O）は元素2つで化合物
名前より元素記号のほうが覚えやすい！

図1　単体と化合物と混合物

化学3－熱化学、他

虎の巻ポイント

❶化学反応で熱の発生を伴う反応を〔発熱〕反応、熱の吸収を伴う反応を吸熱反応という。燃焼はすべて発熱反応、燃焼に〔吸熱〕反応はない。

❷炭素は完全燃焼すると〔二酸化〕炭素になり、不完全燃焼すると〔一酸化〕炭素になる。

❸化学反応では同じ種類の〔原子〕の数は、反応前と反応後では〔変わらない〕。熱化学方程式の左右で原子の数は〔等しく〕なる。

❹反応速度は、濃度が〔濃〕いほど、圧力や温度が高いほど〔速〕くなる。

❺触媒は反応の前後で自身は〔変化せず〕、反応速度を〔速く〕する物質である。

	発熱反応	吸熱反応
	+394kJ(+になっている)	−74kJ(−になっている)
熱化学方程式の一例	$C + O_2 = CO_2 + 394kJ$ (燃焼である)	$N_2 + \frac{1}{2}O_2 = N_2O - 74kJ$ (燃焼でない)

図1　発熱反応と吸熱反応

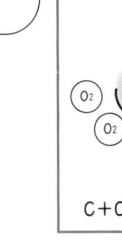

完全燃焼は発熱量も大きいし、有毒ガスが出ないから安全なのねー！

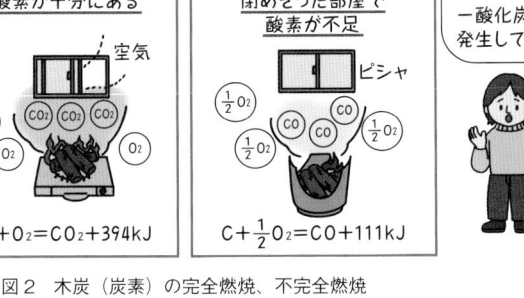

木炭（炭素）の完全燃焼
酸素が十分にある

空気

$C + O_2 = CO_2 + 394kJ$

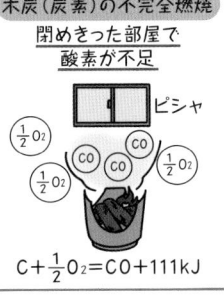

木炭（炭素）の不完全燃焼
閉めきった部屋で
酸素が不足

ピシャ

$C + \frac{1}{2}O_2 = CO + 111kJ$

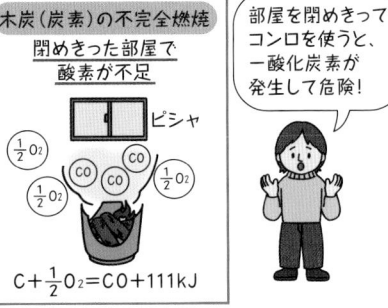

部屋を閉めきってコンロを使うと、一酸化炭素が発生して危険！

図2　木炭（炭素）の完全燃焼、不完全燃焼

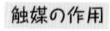

触媒の作用
反応の前後でそれ自身は変化せず、反応速度を速くする

触媒トンネル

触媒トンネルの
ほうが近道だ！

触媒を使うと、**触媒トンネル**という
近道を通って反応が速くなるのね！

・反応熱は、触媒を加えても変わらない
・触媒自身は、反応によって変化しない
・活性化エネルギーを小さくし、反応を速くする作用がある

図3　触　媒

●計算力アップ　過去問例題●

【例題1】　次の指性式で示した物質 1mol を完全に燃焼させる場合、必要な酸素量が最も多いものはどれか？
　　1.　C_3H_7OH　　　2.　CH_3COCH_3　　　3.　$C_2H_5OC_2H_5$　　　4.　$CH_3COC_2H_5$　　　5.　$CH_3COOC_2H_5$

≪解説≫　解答3

ポイントは分子式を作成してみること。

分子式

1.	C_3H_7OH	⇒ C_3H_8O
2.	CH_3COCH_3	⇒ C_3H_6O
○ 3.	$C_2H_5OC_2H_5$	⇒ $C_4H_{10}O$
4.	$CH_3COC_2H_5$	⇒ C_4H_8O
5.	$CH_3COOC_2H_5$	⇒ $C_4H_8O_2$

●分子式で簡便に解く方法
　①Cの数が多いもの　　　　C → CO_2
　②Hの数が多いもの　　　　H → H_2O
　③Oの数が少ないもの　　　O → 酸素供給源となる
この①→③の順に選び、残ったものが答えである。

【例題2】　標準状態（0℃、1気圧 $1.013×10^5Pa$）で、メタン（CH_4）1L が完全燃焼するときに必要な酸素量は、次のうちどれか？
　　　　　$CH_4 + 2O_2 → CO_2 + 2H_2O$
なお、1mol の気体の標準状態における体積は 22.4L である。
　　1.　1L　　　2.　2L　　　3.　3L　　　4.　5L　　　5.　10L

≪解説≫　解答2

①化学反応式は、1mol のメタンが 2mol の酸素と反応して完全燃焼している。
②これは 1L のメタンであれば、2L の酸素が必要なことを表している。

【例題3】　メタノールが完全燃焼したときの反応式は、次式で表される。
　　　　　$2CH_3OH + 3O_2 → 2CO_3 + 4H_2O$
メタノール 1mol を完全燃焼させるために必要な理論上の酸素量は、次のうちどれか？　ただし、原子量は C=12、H=1、O=16 とする。
　　1.　24g　　　2.　32g　　　3.　48g　　　4.　64g　　　5.　96g

≪解説≫　解答3

①化学反応式は、メタノール 2mol（$2CH_3OH$）が完全燃焼するために酸素 3mol（$3O_2$）と反応している。
②メタノール 1mol では、酸素は $3/2O_2$ 必要となる。
③よって酸素量は $3/2 × O_2 = 3/2 × (2×16) = 48g$

24
その1

金属／イオン化傾向／腐食

虎の巻ポイント

❶金属は自由電子が多いので、〔熱〕や〔電気〕を通しやすい。

❷鉄は湿った空気中で酸化されて〔さび〕を生じやすい。

❸粉末にした金属は、空気との接触面積が〔大きく〕なり、見かけ上の熱伝導率が〔小さく〕なるので、燃焼しやすくなる。

❹金属は〔陽イオン〕になりやすい性質があり、それを〔イオン化傾向〕という。

❺鉄製の地下埋設配管の腐食防止策 ⇨ イオン化傾向の〔大きい〕金属（マグネシウム、〔アルミニウム〕、亜鉛等）と接続する。

▶金属は、腐食に関連する問題が物理、性質で頻出傾向にある。

●金属の性質
テンセイ エンセイ
●展性、延性に富み金属光沢を持つ。
●常温で固体である。（水銀は例外）
　→結晶は、金属元素の原子が規則正しく集まっている。（金属結合）
●比重が大きい。（例外として水より軽いナトリウムやカリウム等もある）

●金属の比重・その他の性質

水より軽い金属←──── 軽金属 ←──→ 重金属（比重が4以上の金属）

0.86	0.97	1.0	1.74	2.70	4.0	7.87	10.5	13.5	19.3	21.4
カリウム	ナトリウム	水	マグネシウム	アルミニウム		鉄	銀	水銀	金	白金

燃焼する ←───

銀は金属の中で、電気伝導率、熱伝導率が一番大きい

水銀は金属の中で唯一液体である 他は全て固体

●可燃性の金属がある

塊状では燃焼しない金属でも、粉末状にすると燃焼するものがある。
金属を粉末にすると、燃えやすくなる理由
　・空気との 接触面積が大きく なる
　・見かけ上の 熱伝導率が小さく なる

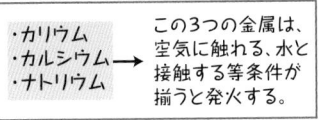

・カリウム
・カルシウム → この3つの金属は、空気に触れる、水と接触する等条件が揃うと発火する。
・ナトリウム

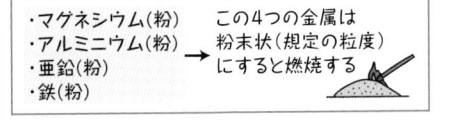

・マグネシウム(粉)
・アルミニウム(粉) → この4つの金属は粉末状（規定の粒度）にすると燃焼する
・亜鉛(粉)
・鉄(粉)

図1　金属の性質

金属は水溶液中で陽イオンになろうとする性質があり、それをイオン化傾向という。
・イオン化傾向の大きい金属は化学変化を受けやすい。
→燃焼したり・錆びたり・溶けたりしやすい

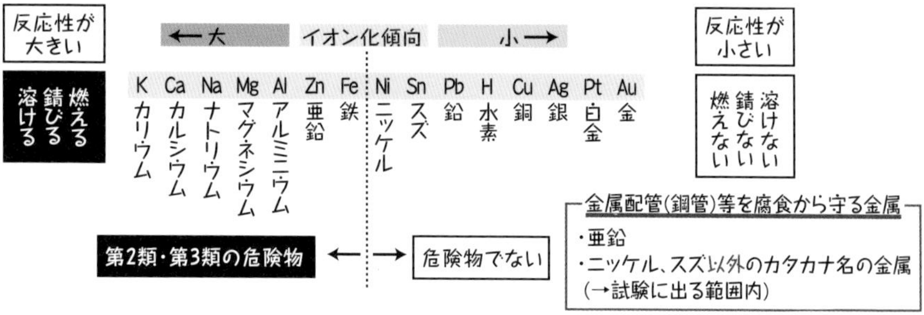

反応性が大きい	←大 イオン化傾向 小→															反応性が小さい

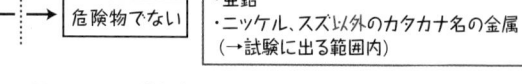

| 燃える錆びる溶ける | K カリウム | Ca カルシウム | Na ナトリウム | Mg マグネシウム | Al アルミニウム | Zn 亜鉛 | Fe 鉄 | Ni ニッケル | Sn スズ | Pb 鉛 | H 水素 | Cu 銅 | Ag 銀 | Pt 白金 | Au 金 | 燃えない錆びない溶けない |

┌─金属配管(鋼管)等を腐食から守る金属─
・亜鉛
・ニッケル、スズ以外のカタカナ名の金属
　(→試験に出る範囲内)

| 第2類・第3類の危険物 | ← | → | 危険物でない |

図2　イオン化傾向

●石油タンク等の腐食防止

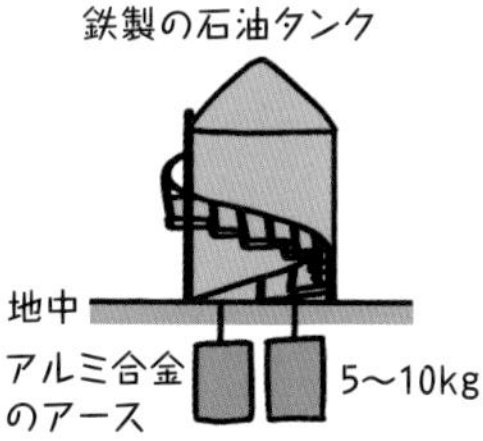

鉄製の石油タンク

・鉄でできた原油タンク等が錆びないように
　鉄よりイオン化傾向の大きいアルミニウム合金を
　電極として地中に埋めて、錆を防いでいる。
・鉄製のタンクが錆びるまえに、アルミニウム合金の
　アース(電極)が錆びて小さくなるので、アースを定期的に
　交換してタンクが錆びるのを防いでいる。

地中
アルミ合金
のアース　5〜10kg

●配管をコンクリート中に埋設する

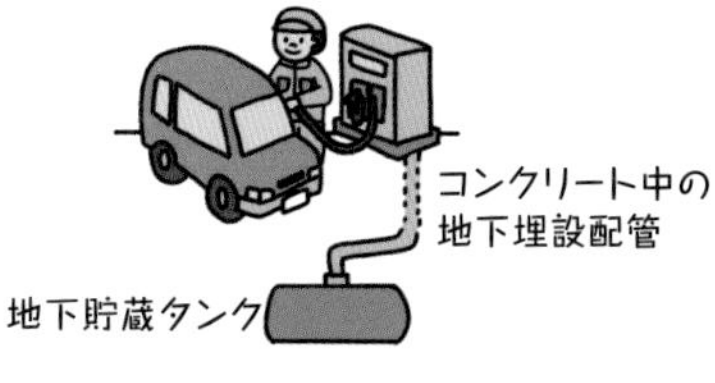

コンクリート中の
地下埋設配管

地下貯蔵タンク

正常なコンクリート中では、pH12以上の
強アルカリ性環境が保たれており、
配管等は安定した不動態皮膜を形成し、
鉄の腐食は防止される。

●配管にエポキシ樹脂塗料を塗布する

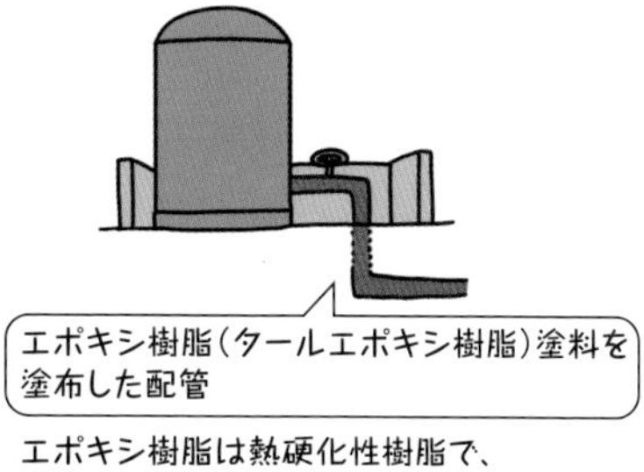

エポキシ樹脂(タールエポキシ樹脂)塗料を
塗布した配管

エポキシ樹脂は熱硬化性樹脂で、
耐水性、耐薬品性に優れており
配管の塗装等に広く使用されている。

図3　金属の腐食防止策

有機化合物

虎の巻ポイント

❶有機化合物の成分元素は、主に〔炭素（C）〕、水素（H）、酸素（O）、窒素（N）で一般に〔可燃性〕である。

❷有機化合物は、完全燃焼すると〔二酸化炭素〕（CO_2）と〔水〕（H_2O）になるものが多い。

❸一般に水に溶けにくく、〔有機溶媒〕（アルコール等）によく溶ける。

❹一般に融点、沸点の〔低い〕ものが多い。石油製品の中で、ガソリンの沸点が一番低く〔蒸発しやすい〕。

❺有機化合物は一般に電気の〔不導体〕で、静電気が〔発生しやすい〕。

▶「有機化合物」と問題文にあれば、アルコールやガソリン（有機化合物の混合物である）を想像することがポイント！

●有機化合物
炭素（C）の化合物（メタノール CH_3OH 等）
ガソリンは、有機化合物が何十種類か混ざりあった混合物。
炭素原子の結合の仕方により、鎖式化合物と環式化合物がある。

●無機化合物
一般に有機化合物以外の化合物
（硫酸 H_2SO_4、塩化ナトリウム $NaCl$ 等）

〈鎖式化合物〉
エタノール
アセトアルデヒド
アセチレン等

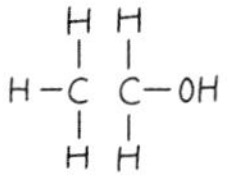

〈環式化合物〉
ベンゼン
メタキシレン
アニリン等

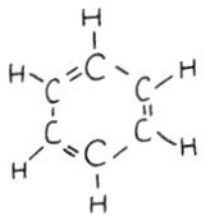

エタノール

ベンゼン

図1　有機化合物と無機化合物

不導体
ガソリン

静電気は、電気が流れない不導体に発生するのね！

導体
鉄パイプ

・電気が流れない
・静電気が発生する
・帯電する

電源

・電気が流れる
・静電気は発生しにくい
・帯電しにくい

電源

図2　一般に電気の不導体で、静電気が発生しやすい

酸／塩基／pH・酸化と還元・酸化剤／還元剤

虎の巻ポイント

❶酸は〔青〕色リトマス試験紙を〔赤〕変させる。水溶液は酸味を有する。

❷中和とは、一般に、〔酸〕と塩基から塩と水のできる反応をいう。

❸酸化とは物質が〔酸素〕と〔化合〕すること、又は水素化合物が〔水素を失う〕こと。

❹還元とは酸化物が〔酸素を失う〕こと、又は物質が〔水素と化合〕する反応。

❺一般に、1つの反応で、酸化と還元は〔同時に起こる〕。

▶酸化と還元の定義をしっかりと覚えよう！

酸（塩酸 HCl等）　リトマス試験紙

・酸は水に溶けると電離して
　水素イオン（H⁺）を生じる物質。
　　例：塩酸HCl → H⁺ + Cl⁻
・酸は青色リトマス試験紙を赤変させる。
　水溶液は酸味を有する

〈リトマス試験紙変色の判定〉

リトマス試験紙は、
"成績は3"と覚えるのよ！
セイセキ　サン
青赤は酸！
青が赤になれば酸なのね！

塩基（水酸化ナトリウム NaOH等）

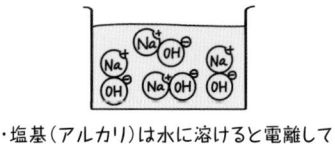

・塩基（アルカリ）は水に溶けると電離して
　水酸化物イオン（OH⁻）を生じる物質

図1　酸・塩基（アルカリ）の性質

pH6.8は、
酸性側なのね！

塩酸や硝酸は酸で、
水酸化ナトリウムは
塩基なんだー！

塩基 ─┬─ 水酸化ナトリウム
　　　　　（NaOH）
　　　　└─ 水酸化カルシウム
　　　　　［Ca(OH)₂］

酸 ─┬─ 塩酸（HCl）
　　　└─ 硝酸（HNO₃）

　　　　　　　　　　　塩基性側
酸性側　　　中性　（アルカリ性側）
0 ←　　　　→ 7　　　→ 14
強酸　　　弱酸　弱アルカリ　強アルカリ

pH値
（ペーハー）

図2　水素イオン指数（pH）

酸化 ┬・物質が酸素と化合すること
　　　└・水素化合物が水素を失うこと

●木炭（C）の完全燃焼
　　$C（木炭）+O_2（酸素）→CO_2（二酸化炭素）$

二酸化炭素の発生

木炭が酸素と化合（燃焼）して
二酸化炭素になるのは、酸化である

物が燃えたり錆びたりするのは、
全部が酸化と覚えればよいのねー！

●木炭（C）が不完全燃焼をへて完全燃焼へ
　〈不完全燃焼〉
　　$C（木炭）+\frac{1}{2}O_2（酸素）→CO（一酸化炭素）$

一酸化炭素の発生

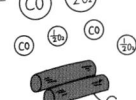

〈完全燃焼へ〉
$CO（一酸化炭素）+\frac{1}{2}O_2（酸素）→CO_2（二酸化炭素）$
注意 $\frac{1}{2}O_2（酸素）$とは、酸素（空気）の薄い状態を表している

図3　酸化とは？

還元 ┬・酸化物が酸素を失うこと
　　　└・物質が水素と化合すること

酸化物の二酸化炭素（CO_2）が、赤熱した木炭に触れて酸素を失い、
一酸化炭素（CO）になった（酸素が1個少なくなった）反応は還元反応という

〈二酸化炭素〉　　〈赤熱した木炭〉　　〈一酸化炭素が生成〉

還元反応が起こると、
二酸化炭素
が一酸化炭素
になるのかー！

図4　還元とは？

●1つの反応で、酸化と還元は同時に起こる

〈酸化反応を図示したもの〉

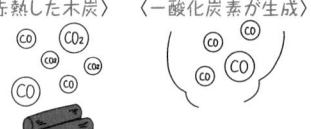
　　　　　　　　　　　　　酸化

$$CO_2 \; + \; C \; → \; CO \; + \; CO$$

　　　　　　　　　　還元　　〈還元反応を図示したもの〉

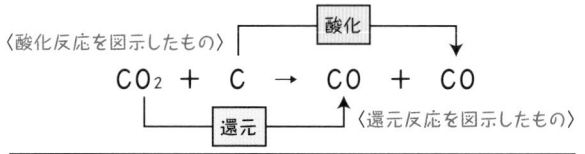

二酸化炭素（CO_2）は、赤熱した木炭（C）に触れて還元され
一酸化炭素（CO）になっている。
その際に木炭（C）は、酸化されて一酸化炭素（CO）になったので、
酸化と還元が同時に起こっている。

図5　酸化と還元は同時に起こる

実力テスト

[11] **静電気に関して、正しいものには○を、誤っているものには×をせよ。**
1．引火性液体に帯電すると電気分解が起こる。
2．物質に静電気が蓄積すると発熱し、その物質は蒸発しやすい。
3．帯電した物体が放電するときのエネルギーの大小は、可燃性ガスの発火に影響しない。
4．物体に発生した静電気は、すべて蓄積され続ける。
5．液体や粉体等のうち、不導体における静電気の帯電防止策として、粉体はよくかくはんする。

[12] **静電気に関して、正しいものには○を、誤っているものには×をせよ。**
1．人体が帯電しないように、絶縁性の大きい靴を使用する。
2．静電気の帯電量は、物質の絶縁抵抗が大きいものほど少ない。
3．静電気の蓄積防止策として、タンク類などを電気的に絶縁する方法がある。
4．導体の帯電防止のため、帯電物体と大地間を接地線などを用いて電気的に接続することを接地（アース）という。
5．電荷には正電荷と負電荷の2種類があり、同種の電荷には引力が働く。

[13] **物質の三態、沸騰、比重などに関して、正しいものには○を、誤っているものには×をせよ。**
1．液体から固体になる変化を、凝縮という。
2．0℃の氷と0℃の水が存在するのは、蒸発熱のためである。
3．比重が同じであれば、同一体積の物体の質量は同じである。
4．沸点とは、液体の飽和蒸気圧が外気の圧力に等しくなり、沸騰が起こる温度である。
5．沸点は、加圧すると低くなり減圧すると高くなる。

答えあわせ

[11] 静電気に関して、正しいものには○を、誤っているものには×をせよ。

× 1. 引火性液体に帯電すると電気分解が起こる。
（起こらない）

× 2. 物質に静電気が蓄積すると発熱し、その物質は蒸発しやすい。
（発熱も蒸発もしない）

× 3. 帯電した物体が放電するときのエネルギーの大小は、可燃性ガスの発火に影響しない。
（放電エネルギーが大きいと発生する火花も大きくなるので、発火に大きく影響する）

× 4. 物体に発生した静電気は、すべて蓄積され続ける。
（湿気等により少しずつ漏れるので、少なくなる）

× 5. 液体や粉体等のうち、不導体における静電気の帯電防止策として、粉体はよくかくはんする。
（かくはんは、静電気の発生と帯電の原因となる）

[12] 静電気に関して、正しいものには○を、誤っているものには×をせよ。

× 1. 人体が帯電しないように、絶縁性の大きい靴を使用する。
（導電性）

× 2. 静電気の帯電量は、物質の絶縁抵抗が大きいものほど少ない。
（多い）

× 3. 静電気の蓄積防止策として、タンク類などを電気的に絶縁する方法がある。
（アース線を外すと同じ意味なので、誤っている。正しくは「接地する」。）

○ 4. 導体の帯電防止のため、帯電物体と大地間を接地線などを用いて電気的に接続することを接地（アース）という。

× 5. 電荷には正電荷と負電荷の2種類があり、同種の電荷には引力が働く。
（反発力）

[13] 物質の三態、沸騰、比重などに関して、正しいものには○を、誤っているものには×をせよ

× 1. 液体から固体になる変化を、凝縮という。
（凝固）

× 2. 0℃の氷と0℃の水が存在するのは、蒸発熱のためである。
（融解熱）

○ 3. 比重が同じであれば、同一体積の物体の質量は同じである。

○ 4. 沸点とは、液体の飽和蒸気圧が外気の圧力に等しくなり、沸騰が起こる温度である。

× 5. 沸点は、加圧すると低くなり減圧すると高くなる。
（高／低）

[14] 潮解、比熱、熱の移動などに関して、正しいものには○を、誤っているものには×をせよ。

1. 潮解とは、固体の物質が空気中の水分を吸収して、その水に溶ける現象である。

2. 比熱とは、物質1gの温度を1K（ケルビン）だけ高めるのに必要な熱量である。

3. 比熱がcで質量がmの物体の熱容量Cを表す式は、C = mc である。

4. ガスコンロで水を沸かすと、水の表面が温かくなるのは、熱の伝導によるものである。

5. 濃い食塩水の凍結温度（氷点）は、普通の飲料水より低い。

[15] 物理変化、化学変化、単体、混合物などに関して、正しいものには○を、誤っているものには×をせよ。

1. ドライアイスを放置すると昇華するのは、化学変化である。

2. 水の中に砂糖を入れると溶ける現象は、物理変化である。

3. 鉄がさびるのは、物理変化である。

4. ガソリンは、種々の炭化水素の混合物である。

5. 空気、海水、石油製品（ガソリン等の危険物相当品）は、すべて混合物である。

[16] 単体、熱化学、触媒、反応速度などに関して、正しいものには○を、誤っているものには×をせよ。

1. メタキシレンとパラキシレン、銀と水銀は、同素体ではない。

2. 硫黄、エタノール及び灯油は、単体、化合物、混合物の組合せである。

3. 触媒とは、化学反応の反応速度を速める物質で、自身は反応の前後で変化しない。

4. 反応物の濃度が濃いほど、反応速度は大きくなる。

5. ある物質の反応速度が10℃上昇するごとに2倍になるとすると、10℃から60℃に上昇した場合の反応速度の倍数は、32倍である。

[14] 潮解、比熱、熱の移動などに関して、正しいものには○を、誤っているものには×をせよ。

○1．潮解とは、固体の物質が空気中の水分を吸収して、その水に溶ける現象である。

○2．比熱とは、物質1gの温度を1K（ケルビン）だけ高めるのに必要な熱量である。

○3．比熱がcで質量がmの物体の熱容量Cを表す式は、C＝mc である。

×4．ガスコンロで水を沸かすと、水の表面が温かくなるのは、熱の伝導（対流）によるものである。

○5．濃い食塩水の凍結温度（氷点）は、普通の飲料水より低い。

[15] 物理変化、化学変化、単体、混合物などに関して、正しいものには○を、誤っているものには×をせよ。

×1．ドライアイスを放置すると昇華するのは、化学変化（物理変化）である。

○2．水の中に砂糖を入れると溶ける現象は、物理変化である。

×3．鉄がさびるのは、物理変化（化学変化）である。

○4．ガソリンは、種々の炭化水素の混合物である。

○5．空気、海水、石油製品（ガソリン等の危険物相当品）は、すべて混合物である。

[16] 単体、熱化学、触媒、反応速度などに関して、正しいものには○を、誤っているものには×をせよ。

○1．メタキシレンとパラキシレン、銀と水銀は、同素体ではない。

○2．硫黄、エタノール及び灯油は、単体、化合物、混合物の組合せである。

○3．触媒とは、化学反応の反応速度を速める物質で、自身は反応の前後で変化しない。

○4．反応物の濃度が濃いほど、反応速度は大きくなる。

○5．ある物質の反応速度が10℃上昇するごとに2倍になるとすると、10℃から60℃に上昇した場合の反応速度の倍数は、32倍である。

[17] 炭素が完全燃焼するときの熱化学方程式は、次のとおりである。

$$C+O_2=CO_2+394kJ$$

いま、発生した熱量が 788kJ であったとすると、炭素は何 g 完全燃焼したことになるか。ただし、炭素の原子量は 12 とする。

1．12 g

2．24 g

3．36 g

4．48 g

5．60 g

[18] 金属、イオン化傾向、腐食、有機化合物などに関して、正しいものには○を、誤っているものには×をせよ。

1．金属は燃焼しない。

2．鉄の腐食では、アルカリ性が強くなれば腐食速度は増大する。

3．水中で鉄と銅が接触していると、鉄の腐食は防止される。

4．有機化合物は、一般に不燃性である。

5．有機化合物には、完全燃焼すると主に一酸化炭素と水を生じるものが多い。

[17] 炭素が完全燃焼するときの熱化学方程式は、次のとおりである。

$$C+O_2=CO_2+394kJ$$

いま、発生した熱量が 788kJ であったとすると、炭素は何 g 完全燃焼したことになるか。ただし、炭素の原子量は 12 とする。

1. 12 g
○ 2. 24 g
3. 36 g
4. 48 g
5. 60 g

①発生した熱量が 788kJ なので、与えられた熱化学方程式の 394kJ で除する（÷）。

788kJ÷394kJ＝2 倍の熱量が発生している。

②これは熱化学方程式より、炭素（C）が 2 倍燃焼したことを意味している。

③よって、炭素の原子量 12 にグラム（g）を付け

12g×2 倍＝24g が完全燃焼したことになる。

[18] 金属、イオン化傾向、腐食、有機化合物などに関して、正しいものには○を、誤っているものには×をせよ。

× 1. 金属は ~~燃焼しない~~。
  イオン化傾向の大きいナトリウムやマグネシウムなどは、燃焼する

× 2. 鉄の腐食では、~~アルカリ性が強くなれば腐食速度は増大する~~。
  アルカリ性の強い環境では、鉄は腐食しにくい

× 3. 水中で鉄と銅が接触していると、~~鉄の腐食は防止される~~。
  イオン化傾向の大きい鉄の腐食は、進む

× 4. 有機化合物は、~~一般に不燃性である~~。
  ベンゼンやアルコール類は、有機化合物であり燃焼する

× 5. 有機化合物には、完全燃焼すると主に ~~一酸化炭素~~ と水を生じるものが多い。
  二酸化炭素

[19] 熱化学、酸・塩基、pH などに関して、正しいものには○を、誤って
いるものには×をせよ。

1．二酸化炭素（CO_2）の1分子は、炭素1原子と酸素2原子からなって
いる。

2．熱化学方程式で、$N_2 + \dfrac{1}{2} O_2 = N_2O - 74kJ$ は発光を伴ったとしても燃
焼反応に該当しない。

3．酸は赤色リトマス紙を青色に変え、塩基は青色リトマス紙を赤色に変え
る。

4．水素イオン指数で pH7 は、中性である。

5．鉄は地殻内に多く存在し、多様な用途に用いられるが、乾燥した空気中
でも還元して、さびを生じやすい。

[20] 酸化・還元などに関して、正しいものには○を、誤っているものには
×をせよ。

1．塩酸は酸であるので pH は7より小さく、水酸化ナトリウムは塩基で
あるのでその水溶液の pH は7より大きい。

2．酸化とは、物質が酸素を失ったり、水素と化合したり、電子を取り入れ
たりする反応である。

3．二酸化炭素が赤熱した炭素に触れて一酸化炭素になった反応は、還元反
応である。

4．同一反応において、酸化と還元は同時に起こることはない。

5．一酸化炭素が二酸化炭素に変化した場合は、酸化反応に該当する。

答えあわせ

[19] 熱化学、酸・塩基、pH などに関して、正しいものには○を、誤って
いるものには×をせよ。

○ 1. 二酸化炭素（CO_2）の 1 分子は、炭素 1 原子と酸素 2 原子からなって
いる。

○ 2. 熱化学方程式で、$N_2 + \frac{1}{2} O_2 = N_2O - 74kJ$ は発光を伴ったとしても燃
焼反応に該当しない。ここ − 74kJ は、吸熱反応（−）なので燃焼ではない。

× 3. 酸は赤色リトマス紙を青色に変え、塩基は青色リトマス紙を赤色に変え
る。 （青／赤／赤／青）

○ 4. 水素イオン指数で pH7 は、中性である。

× 5. 鉄は地殻内に多く存在し、多様な用途に用いられるが、乾燥した空気中
でも還元して、さびを生じやすい。 （鉄は乾燥した空気中では、酸化されにくいので錆びにくい）

[20] 酸化・還元などに関して、正しいものには○を、誤っているものには
×をせよ。

○ 1. 塩酸は酸であるので pH は 7 より小さく、水酸化ナトリウムは塩基で
あるのでその水溶液の pH は 7 より大きい。

× 2. 酸化とは、物質が酸素を失ったり、水素と化合したり、電子を取り入れ
たりする反応である。 （還元）

○ 3. 二酸化炭素が赤熱した炭素に触れて一酸化炭素になった反応は、還元反
応である。

× 4. 同一反応において、酸化と還元は同時に起こることはない。 （同時に起こる）

○ 5. 一酸化炭素が二酸化炭素に変化した場合は、酸化反応に該当する。

3 学期

危険物の性質・火災予防
・消火の方法

➡ 26 〜 35 講

26 危険物の類ごとの性質

その1

虎の巻ポイント

❶第1類の危険物は、燃えない〔酸化性〕の〔固体〕である。

❷第2類は、酸化されると燃えやすい〔可燃性〕の〔固体〕である。

❸第3類は〔固体又は液体〕で、多くは〔禁水性〕と〔自然発火性〕の両方を有する。

❹第4類の危険物は、〔引火性〕の〔液体〕である。

❺第5類は、可燃物と酸素が共存する〔自己反応性〕の〔固体又は液体〕である。

❻第6類は、〔燃えない〕酸化性の〔液体〕である。

▶危険物は、固体又は液体であり気体はない。"燃えない"と出題文にあれば、第1類の酸化性固体か第6類の酸化性液体と答えられれば、OKです。

類	性質	概要	出題される問題文の文言
第1類	酸化性固体(不燃性)	他の物質を酸化する多量の酸素を含有しており、加熱や衝撃により酸素を放出して周囲の可燃物の燃焼を助ける性質がある	●不燃性(燃焼しない)の液体及び固体で、酸素を放出して燃焼を助けるものがある ●第1類は酸化性の固体で、摩擦や衝撃に対して不安定である ●第6類は不燃性であり、有機物と混合すると発火・爆発することがある
第6類	酸化性液体(不燃性)		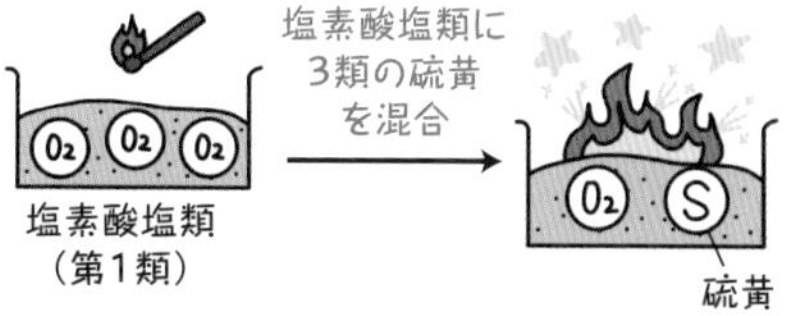 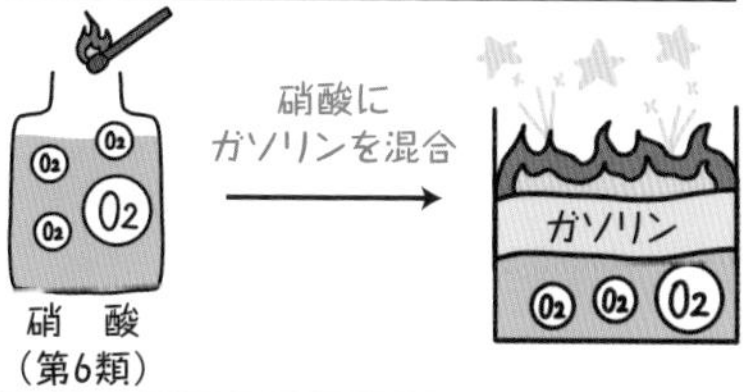

1類と6類は酸素の供給源で、自分自身はガソリンとは違い燃えないのね!

塩素酸塩類に3類の硫黄を混合

塩素酸塩類（第1類）　硫黄

1類や6類の危険物に可燃物の硫黄やガソリンを混合すると、摩擦・衝撃により、発火・爆発のおそれがある

硝酸にガソリンを混合

硝　酸（第6類）　ガソリン

図1　第1類〜第6類危険物の特性

類	性質	概要	問題文の中の文言
第2類	可燃性固体	炎によって着火しやすいもの、固形アルコールのように比較的低温で引火しやすいもの 固形アルコールは、第2類の危険物なんだ!	●酸化されやすい（燃えやすい）可燃性の固体である ●着火又は引火の危険性がある ●1類や6類の酸化剤との混合物は、衝撃・摩擦等によって発火・爆発のおそれがある アルミニウム鍋「金属」 → アルミニウム粉末「危険物」 金属を粉末にすると、危険物になるものがあるんだ!
第3類	自然発火性及び禁水性物質 （固体または液体）	空気に触れると自然発火するもの、水と接触すると発火又は可燃性ガスを発生する 第3類は、水や空気に触れると発火したり、爆発する危険性があるのね!	●自然発火性又は禁水性の危険性を有しており、多くは両方の危険性を持っている ●空気又は水と接触することにより発熱し、発火・爆発のおそれがある ●固体又は液体で、禁水性及び自然発火性の物質である 水or空気 ナトリウム（固体）　アルキルアルミニウム（固体又は液体）
第4類	引火性液体	液体で、炎を近づけると引火しやすい物質	・引火点、発火点の低い危険物は、危険性が大きい ・蒸気比重はすべて空気より重く、低所に滞留するので危険性が大きい ・可燃性蒸気は目に見えないので、静電気の火花放電に注意しなければならない -30℃　ガソリン ガソリンって、こんなに寒くても引火するんだー!
第5類	自己反応性物質 （固体または液体）	可燃物と酸素が共存し、加熱・分解等により多量の熱を発生し、爆発的に反応が進行する 第5類は外部から酸素の供給がなくても、自分自身の酸素で燃焼するのね!これでは、窒息消火もできないわ!	・分子内に酸素を含んでおり、加熱・衝撃・摩擦等により発火・爆発のおそれがある ・可燃物と酸素が共存しているので、内部燃焼する ・外部から酸素の供給がなくても燃焼するものが多い ・酸素を含有しているので、一度火が着くと消火が難しい ニトログリセリン（元素C, H, N, O） O2　ダイナマイトの原料 外部から酸素の供給ができない水の中でも爆発する

図2　第1類〜第6類危険物の特性（続き）

第４類に共通する性質

虎の巻ポイント

❶第４類は〔引火性〕液体で、引火点の〔低い〕ものほど危険性が大きい。

❷液体の比重は１より〔小さ〕く、水より〔軽〕いものが多い。

❸蒸気比重はすべて１より〔大き〕く、空気より〔重〕い。そのため、〔低所〕に滞留する。

❹ほとんどが、水に溶けない〔非水溶性〕の物品で、〔流動〕・かくはん等により〔静電気〕が発生しやすい。

❺引火点、〔発火点〕、〔沸点〕は、低いものほど危険性が大きい。

▶第４類はいずれも引火性の液体であり、危険物の蒸気は、空気との混合物をつくり、火気などにより引火・爆発の危険がある。

●覚える必要がある危険物の引火点

①ガソリンからシリンダー油
　までの石油製品の引火点
　の数値を覚える
②特殊引火物は、全部−30℃以下
　と覚えればOK
③他に、ベンゼン、トルエン、メタノール、
　エタノールの引火点を覚える

石油製品の引火点（℃）	
ガソリン	−40以下
灯油	40以上
軽油	45以上
重油	60〜150
ギヤー油	220
シリンダー油	250

①→③の順で覚えよう！
製品名に油がつく
危険物の引火点は、
全部常温(20℃)以上ね！

図１　引火性（引火点がある）の液体

発火点	
二硫化炭素	90℃
ガソリン	約300℃

覚えるのは
２つだけ

他はすべて、100℃以上
と覚えればOKなんだ！

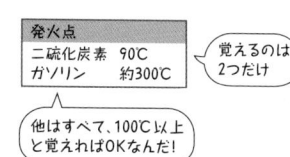

液温が90℃になると
点火源がなくても
二硫化炭素が自ら燃え出す

二硫化炭素

図２　発火点の低いものは危険性が大きい

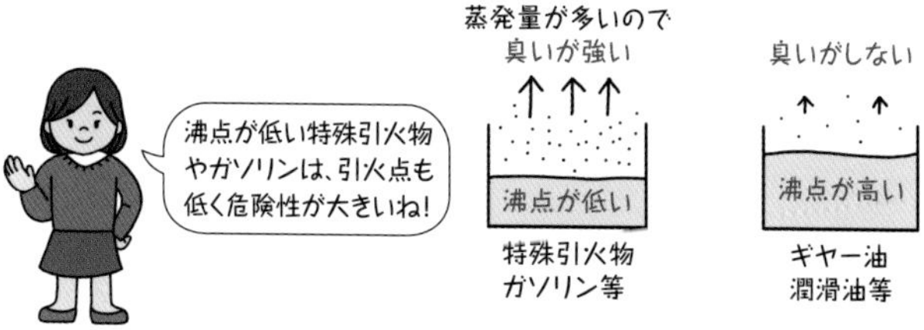

沸点が低い特殊引火物
やガソリンは、引火点も
低く危険性が大きいね！

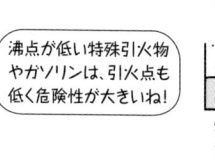

蒸発量が多いので
臭いが強い

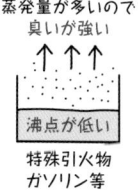

沸点が低い

特殊引火物
ガソリン等

臭いがしない

沸点が高い

ギヤー油
潤滑油等

図３　沸点の低いものは、引火点も低く蒸発しやすい

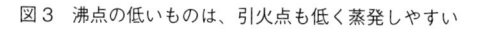

図4　燃焼範囲が広いもの、下限値（下限界）が低いものは、危険性が大きい

図5　液比重は、水より軽いものが多い

図6　蒸気比重は、4類すべて空気より重い

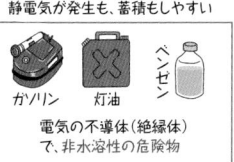

非水溶性危険物
ガソリン、灯油、
ベンゼン等

水に溶けないので、
水より軽いガソリン等は
水に浮く

水溶性危険物
アルコール類
アセトン等

水に完全に
溶けるので、
境界線がない

図7　非水溶性（水に溶けない）と、水溶性の危険物がある

静電気が発生も、蓄積もしやすい

ガソリン　灯油　ベンゼン

電気の不導体（絶縁体）
で、非水溶性の危険物

静電気が発生も、蓄積もしにくい

メタノール　エタノール　アセトン

水溶性の危険物

図8　静電気が発生し「蓄積しやすい危険物」と「蓄積しにくい危険物」

28 その1 第4類に共通する火災予防

虎の巻ポイント

❶炎、火花、〔高温体〕等の接近を避ける。

❷容器は、〔密栓〕をして冷暗所に貯蔵する。

❸可燃性蒸気は〔低所〕に滞留することから、〔低所〕の蒸気を屋外の〔高所〕に排出する。

❹可燃性蒸気が滞留するおそれのある場所では、〔火花〕の発する機械器具等を使用しない。電気設備は、〔防爆構造〕のものを使用する。

❺静電気の発生と蓄積を防ぐため、流速を〔遅〕くする。〔接地〕（アース）する。服装は絶縁性の高い〔化学繊維〕のものは着用〔しない〕。

▶可燃性の蒸気が蒸発していても、比重が空気の数倍重いので低所に滞留し、臭いが少なくわかりづらい。

▶主に点火源となる静電気は、人体等に帯電していても目に見えないのでわかりづらい。

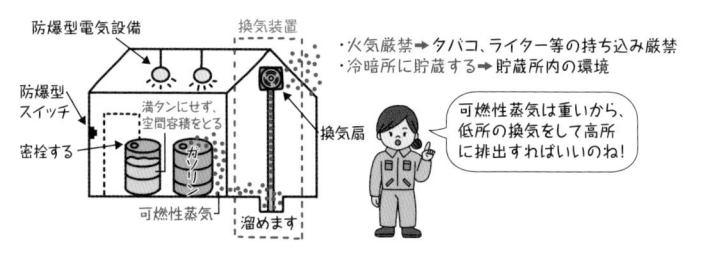

図1　適切な取り扱いと貯蔵の方法

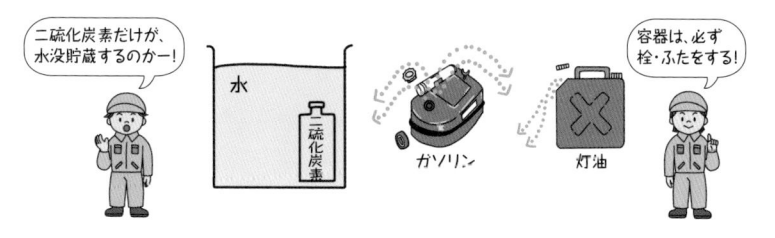

図2　可燃性蒸気の発生防止

●蒸気濃度
燃焼下限界の$\frac{1}{4}$以下の濃度にする

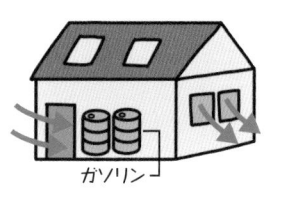

ガソリン

可燃性蒸気は重いので、
通風・換気をよくして
蒸気の拡散をしているのね!

図3　可燃性蒸気は空気より重い

●走行後は、携行缶に大量の静電気が発生し帯電しているおそれがあるので、
①静電気を逃がすために静置時間をとる
②接地(アース)する
　のいずれかを実行する
③毛糸や化学繊維の服装は、静電気が大量に発生・帯電するので、この場合はダメ

わしの服装は
ダメだな…(汗)

毛糸のセーター

化学繊維のズボン

アース導線

④流速を遅くする(給油ノズルを弱く握る)
⑤散水(水まき)により湿度を高くする

水まきによって周囲の湿度を高くし、
従業員やお客様の体に帯電した静電気を逃がし、
事故を未然に防ぐ

図4　静電気の発生と蓄積を防ぐ

29講 その1 事故事例

虎の巻ポイント

▶事故後の対処のしかたを覚えておこう！

最頻出問題 横転した移動タンク貯蔵所のガソリンが流出し、火災のおそれがある場合の対処の仕方として、次の文章は誤っているか？

解答 ×誤り➡火災が大きくなると、除去消火や窒息消火は困難になるので、冷却効果の高い消火剤を準備する

泡消火剤

理由 ガソリン火災の場合は、除去消火や冷却消火はできない。この場合は窒息効果のある泡消火剤が最適であり、他に抑制効果のある粉末消火剤、ハロゲン化物消火剤等も効果がある。

図1　移動タンク貯蔵所の単独事故事例

問題 ガソリンを貯蔵していたタンクに、そのまま灯油を入れると爆発することがあるので、その場合は、タンク内のガソリン蒸気を完全に除去してから灯油を入れなければならないとされている。この理由として、次の文章は妥当か？

解答 ○正しい➡タンク内に充満していたガソリン蒸気が灯油に吸収されて燃焼範囲内の濃度に下がり、灯油の流入により発生する静電気の放電火花で引火することがあるから

理由 タンク内のガソリン蒸気濃度が燃焼範囲の上限値を超えていても、流入した灯油がガソリンの蒸気を吸収して、蒸気濃度が燃焼範囲内になることがある。また、流入した灯油の摩擦で発生した静電気が点火源になり、爆発・燃焼することがある。

図2　ガソリン貯蔵タンクの事故事例

問題 次の事故事例において、対処法は誤っているか？
「給油取扱所の固定給油設備から軽油が漏れて地下に浸透したため、
地下専用タンクの外面保護材の一部が溶解した。
また、周囲の地下水も汚染され、油臭くなった。」

解答 ×誤り➡固定給油設備の下部ピットは、漏油しても地下に
浸透しないように、内側をアスファルトで被覆しておく

理由 軽油やアスファルトは、原油から精製されたものでよく溶け合うため効果がない。
この場合はコンクリートで被覆するのが適している。

問題 次の事故事例において、対処法は誤っているか？
「給油取扱所で計量口のある地下専用タンクに、移動貯蔵タンクからガソリンを注入する際、
誤って他のタンクの注入口に注入ホースを結合したため
この地下タンクの計量口からガソリンが噴出した。」

解答 ×誤り➡計量口は、注入中は開放し、常時ガソリンの注入量を確認できるようにする

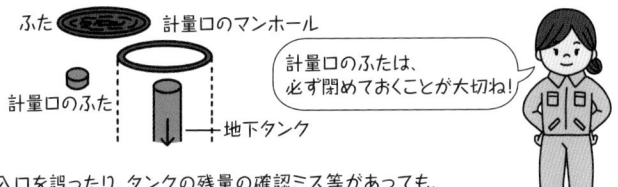

ふた　　　計量口のマンホール

計量口のふた

地下タンク

計量口のふたは、
必ず閉めておくことが大切ね！

理由 注入口を誤ったり、タンクの残量の確認ミス等があっても、
計量口を閉鎖してあれば、ガソリンが噴出することはない。

図3　給油取扱所の事故事例

問題 危険物を取り扱う地下埋設配管（炭素鋼管）が腐食して、危険物が漏えいする事故が発生している。
この腐食の原因として、最も考えにくい（腐食しない）ものは、次のうちどれか？

解答① ○正しい➡配管をコンクリート中に埋設した

解答② ○正しい➡タールエポキシ樹脂を配管に塗覆した

理由 正常なコンクリートは、強アルカリ性で腐食しにくい。
タールエポキシ樹脂塗料は、耐腐食性が高いので腐食しにくい。

図4　地下埋設配管の事故事例

第4類に共通する消火の方法

虎の巻ポイント

❶ 第4類の危険物の消火には、〔空気〕の供給を遮断する〔窒息消火〕か、又は燃焼を化学的に抑制する〔抑制作用による消火〕が適している。

❷ 火災の際、〔棒状〕の水、〔棒状〕の強化液が使用できる危険物が、第4類には〔ない〕。

❸ メタノールやエタノールのような〔水溶性〕液体の消火には、〔棒状〕の強化液の放射は〔使えない〕。

❹ 水溶性液体用泡消火剤でなければ効果的に消火できない危険物は、〔アルコール類〕、〔アセトン〕、アセトアルデヒド等である。

❺ 一般の〔泡消火剤〕は、メタノールやエタノールのような水溶性液体の火災には、〔泡が消える〕ので効果がない。

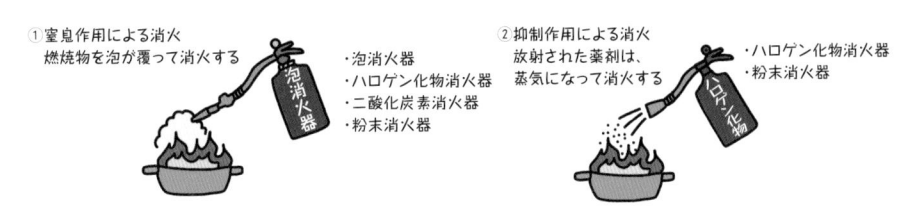

① 窒息作用による消火
燃焼物を泡が覆って消火する

・泡消火器
・ハロゲン化物消火器
・二酸化炭素消火器
・粉末消火器

② 抑制作用による消火
放射された薬剤は、蒸気になって消火する

・ハロゲン化物消火器
・粉末消火器

図1　第4類は、窒息消火と抑制作用による消火が最適

非水溶性液体

ガソリン、ベンゼン、灯油、重油、ギヤー油、動植物油類等

一般の泡消火剤を放射

鎮火した！

ダメだ、水溶性液体用泡消火剤に切り替えます！

水溶性液体

アルコール類、アセトン、アセトアルデヒド、酢酸等

重油
（水に溶けない）

エタノール
（水に溶ける）

図2　非水溶性液体と水溶性液体では、消火の方法は異なる

非水溶性液体（水に溶けない）➡ ガソリン、ベンゼン、灯油、重油、ギヤー油、動植物油類等

使える消火器（消火剤）
- ●泡消火器
- ●ハロゲン化物消火器
- ●二酸化炭素消火器
- ●粉末消火器
- ●霧状の強化液消火器

ダメな消火器（消火剤）
- ●棒状の強化液消火器
- ●水消火器（棒状、霧状ともにダメ）

ストーブ

粉末消火器　　棒状の強化液消火器

図3　非水溶性液体の火災に「使える消火器」と「ダメな消火器」

水溶性液体（水に溶ける）➡ アルコール類、アセトン、アセトアルデヒド、酢酸等

使える消火器（消火剤）

水溶性液体用
泡消火器

エタノール

ダメな消火器（消火剤）

棒状の強化液消火器

アセトン

棒状の強化液は、
アセトン（水溶性液体）
には全く効果がないのねー！

- ●水溶性液体用泡消火剤（消火器）
- ●ハロゲン化物消火器
- ●二酸化炭素消火器
- ●粉末消火器

- ●一般の泡消火器
- ●水消火器
　（棒状注水、霧状ともにダメ）
- ●棒状の強化液消火器

図4　水溶性液体の火災に「使える消火器」と「ダメな消火器」

●棒状の強化液消火器（消火剤）

棒状の強化液は、
普通火災（木材、紙、繊維）
にしか使えないのだ！

普通火災
（A火災）

棒状の
強化液消火器

●霧状の強化液消火器（消火剤）

霧状の強化液は、
油火災（石油等）、電気火災（モーター等）
にも使えるんだ！

霧状の
強化液消火器

油火災
（B火災）

石油ストーブ

モーター

油火災
（C火災）

図5　強化液消火器（消火剤）が使用できる火災の種類

実力テスト

[1] **危険物の類ごとの性質に関して、正しいものには○を、誤っているもの
には×をせよ。**

1．危険物は、1気圧において常温（20℃）で液体又は固体である。

2．引火性液体の燃焼は主に分解燃焼であるが、引火性固体の燃焼は表面燃
焼である。

3．液体の危険物の比重は1より小さいが、固体の危険物の比重はすべて1
より大きい。

4．第1類の危険物は酸化性の強い物質で、他の物質と反応しやすい酸素を
分子の中に含有しており、加熱・衝撃などにより酸素を放出しやすい
固体である。

5．第2類の危険物は、酸化されやすい可燃性の固体である。

[2] **危険物の類ごとの性質に関して、正しいものには○を、誤っているもの
には×をせよ。**

1．第3類の危険物は、固体又は液体であり、多くは禁水性と自然発火性の
両方を有する。

2．第5類の危険物は、固体又は液体である。

3．第5類の危険物は、外部から酸素の供給がなくても燃焼するものが多
い。

4．第6類の危険物は、それ自身は不燃性であり、有機物と混合すると発
火・爆発することがある。

5．第6類の危険物は、強塩基性の還元剤である。酢酸はこの類に含まれ
る。

答えあわせ

[1] 危険物の類ごとの性質に関して、正しいものには○を、誤っているものには×をせよ。

○1．危険物は、1気圧において常温（20℃）で液体又は固体である。

×2．引火性液体の燃焼は主に<del>分解燃焼</del>であるが、引火性固体の燃焼は<del>表面燃焼である</del>。
（蒸発燃焼）
（蒸発燃焼である）

×3．液体の危険物の比重は<del>1より小さい</del>が、固体の危険物の比重はすべて<del>1より大きい</del>。
（液体、固体ともに、1より小さいものもあれば、1より大きいものもある）

○4．第1類の危険物は酸化性の強い物質で、他の物質と反応しやすい酸素を分子の中に含有しており、加熱・衝撃などにより酸素を放出しやすい固体である。

○5．第2類の危険物は、酸化されやすい可燃性の固体である。

[2] 危険物の類ごとの性質に関して、正しいものには○を、誤っているものには×をせよ。

○1．第3類の危険物は、固体又は液体であり、多くは禁水性と自然発火性の両方を有する。

○2．第5類の危険物は、固体又は液体である。

○3．第5類の危険物は、外部から酸素の供給がなくても燃焼するものが多い。

○4．第6類の危険物は、それ自身は不燃性であり、有機物と混合すると発火・爆発することがある。

×5．第6類の危険物は、<del>強塩基性の還元剤</del>である。<del>酢酸はこの類に含まれる</del>。
（酸化性の強酸化剤）
（酢酸は4類なので誤り）

[3] **第4類に共通する性質に関して、正しいものには○を、誤っているもの
には×をせよ。**

1. 第4類の危険物は、引火点を有する液体である。比重は1より小さいも
のが多く、また、蒸気比重は1より大きいものが多い。

2. 第4類の危険物は、引火性を有する液体で自然発火性を有するものが多
い。

3. ガソリン、エタノール、灯油、ギヤー油は、引火点の低いものから高い
ものへ順に並んでいる。

4. 発火点は、ほとんどのものが100℃以下である。

5. 蒸気は燃焼範囲を有し、この下限界（下限値）に達する温度が低いもの
ほど引火の危険性が大きい。

[4] **第4類に共通する性質に関して、正しいものには○を、誤っているもの
には×をせよ。**

1. 蒸気は空気より軽いので、空気中に拡散しやすい。

2. 水溶性のものは、水で希釈すると引火点が低くなる。

3. 電気の良導体で、静電気は蓄積しない。

4. 流動性があるので、火面が拡大しやすい。

5. 第4類の危険物は、すべて可燃性である。

答えあわせ

[3] 第4類に共通する性質に関して、正しいものには○を、誤っているものには×をせよ。

○1. 第4類の危険物は、引火点を有する液体である。比重は1より小さいものが多く、また、蒸気比重は1より大きいものが多い。

×2. 第4類の危険物は、引火性を有する液体で~~自然発火性を有するものが多い。~~
自然発火性を有するものは、動植物油類の乾性油のみで非常に少ない

○3. ガソリン、エタノール、灯油、ギヤー油は、引火点の低いものから高いものへ順に並んでいる。
－40℃以下　13℃　40℃以上　220℃

×4. 発火点は、~~ほとんどのものが100℃以下~~である。
100℃以下は二硫化炭素のみで、他は全部100℃以上である

○5. 蒸気は燃焼範囲を有し、この下限界（下限値）に達する温度が低いものほど引火の危険性が大きい。

[4] 第4類に共通する性質に関して、正しいものには○を、誤っているものには×をせよ。

×1. 蒸気は空気より~~軽いので、空気~~中に拡散しやすい。
重いので低所に対流しやすい

×2. 水溶性のものは、水で希釈すると引火点が~~低くなる。~~
高くなり引火しにくくなる

×3. 電気の~~良導体で、静電気は蓄積しない。~~
不良導体が多く、静電気が蓄積しやすい

○4. 流動性があるので、火面が拡大しやすい。

○5. 第4類の危険物は、すべて可燃性である。

[5] 第4類に共通する火災予防の方法として、正しいものには○を、誤って
いるものには×をせよ。

1. 取扱作業時の服装は、電気絶縁性のよい靴やナイロンその他の化学繊維
などの衣類を着用する。

2. 静電気が蓄積しやすいので、絶縁性の高い化学繊維のものを着用して作
業をする。

3. 灯油を貯蔵し、取り扱うときは、静電気が発生しやすいので激しい動揺
又は流動を避ける。

4. ガソリンの移動タンク貯蔵所への注入は、移動タンク貯蔵所を絶縁状態
にした。

5. 静電気により引火するおそれのある危険物を取り扱う場合は、取り扱う
危険物の流速を大きくして、短時間で作業を終わらせる。

[6] 第4類に共通する火災予防の方法として、正しいものには○を、誤って
いるものには×をせよ。

1. 二硫化炭素の屋外貯蔵タンクを水槽に入れる理由は、可燃性蒸気が発生
するのを防ぐため。

2. ジエチルエーテルは水より重く水に溶けにくいので、容器などに水を
張って蒸気の発生を抑制する。

3. 危険物の蒸気は一般的に空気より軽いので、高所の換気を十分に行う。

4. 洗浄のため水蒸気をタンク内に噴出させるときは、静電気の発生を防止
するため、高圧で短時間に行う。

5. アクリル酸の貯蔵・保管方法は、融点がおよそ14℃と高いことを利用
して、通常は凍結して保管する。

答えあわせ

[5] 第4類に共通する火災予防の方法として、正しいものには○を、誤っているものには×をせよ。

×1. 取扱作業時の服装は、~~電気絶縁性のよい靴やナイロンその他の化学繊維などの衣類を着用する。~~
絶縁性の高い靴や化学繊維の衣服は、静電気が発生・帯電し危険なので着用はダメ

×2. 静電気が蓄積しやすいので、~~絶縁性の高い化学繊維のものを着用して~~作業をする。
絶縁性の高いものは、静電気が発生し帯電するので危険である

○3. 灯油を貯蔵し、取り扱うときは、静電気が発生しやすいので激しい動揺又は流動を避ける。

×4. ガソリンの移動タンク貯蔵所への注入は、~~移動タンク貯の所を絶縁状態~~
アース線を外したのと同じ状態なので危険である
~~にした。~~

×5. 静電気により引火するおそれのある危険物を取り扱う場合は、取り扱う~~危険物の流速を大きくして、短時間で作業を終わらせる。~~
流速が大きいと、流動摩擦により静電気の発生が多くなり危険である

[6] 第4類に共通する火災予防の方法として、正しいものには○を、誤っているものには×をせよ。

○1. 二硫化炭素の屋外貯蔵タンクを水槽に入れる理由は、可燃性蒸気が発生するのを防ぐためである。

×2. ~~ジエチルエーテルは水より重く水に溶けにくいので、容器などに水を~~張って蒸気の発生を抑制する。
二硫化炭素の貯蔵方法である

×3. 危険物の蒸気は~~一般的に空気より軽いので、高所の換気を十分に行う。~~
蒸気は空気より重く低所に滞留するので、低所の換気をして高所に排出する

×4. 洗浄のため水蒸気をタンク内に噴出させるときは、静電気の発生を防止するため、~~高圧で短時間に行う。~~
低圧で行う

×5. アクリル酸の貯蔵・保管方法は、融点がおよそ14℃と高いことを利用して、~~通常は凍結して保管する。~~
解凍時に重合などによる危険性が増大するので、通常の方法で保管する

143

[7] 第4類の危険物の消火の方法、消火効果などに関して、正しいものには
○を、誤っているものには×をせよ。
1. 引火点が低いので、注水による冷却消火が効果的である。
2. メタノールの火災に、棒状注水する。
3. エタノールの火災に、水溶性液体用泡消火剤以外のその他の泡消火剤は
適切でない。
4. エタノールやアセトンが大量に燃えているときの消火方法として、水溶
性液体用泡消火剤を放射するのは適している。
5. アルコール類やケトン類（アセトン）などの水溶性液体の火災に使われ
る水溶性液体用泡消火剤の特徴は、他の泡消火剤に比べ、泡が溶解し
たり、破壊されることがないことである。

[8] 第4類の危険物の消火の方法、消火効果などに関して、正しいものには
○を、誤っているものには×をせよ。
1. 水溶性の危険物の火災には、棒状の強化液の放射が最も効果的である。
2. ベンゼン、トルエン等の第4類危険物の消火に、棒状の強化液を放射す
る消火器を使用した。
3. 第4類の危険物の消火に、ハロゲン化物消火剤は全く効果がない。
4. エタノールの火災に、棒状の強化液を放射する消火器を使用した。
5. エタノールやアセトン等の火災に、水溶性液体用泡消火剤以外の一般的
な泡消火剤を使用すると、泡が消えるので効果的でない。

答えあわせ

[7] 第4類の危険物の消火の方法、消火効果などに関して、正しいものには
　　○を、誤っているものには×をせよ。

×1．引火点が低いので、~~注水による冷却消火が効果的である。~~
　　　　　　　　　燃焼している危険物が水に浮き、火面を広げ危険である

×2．メタノールの火災に、~~棒状注水する。~~
　　　　　　　　　　　棒状注水では消火できないので、水溶性液体用泡消火剤を使用する

○3．エタノールの火災に、水溶性液体用泡消火剤以外のその他の泡消火剤は
　　適切でない。

○4．エタノールやアセトンが大量に燃えているときの消火方法として、水溶
　　性液体用泡消火剤を放射するのは適している。

○5．アルコール類やケトン類（アセトン）などの水溶性液体の火災に使われ
　　る水溶性液体用泡消火剤の特徴は、他の泡消火剤に比べ、泡が溶解し
　　たり、破壊されることがないことである。

[8] 第4類の危険物の消火の方法、消火効果などに関して、正しいものには
　　○を、誤っているものには×をせよ。

×1．水溶性の危険物の火災には、~~棒状の強化液の放射~~が最も効果的である。
　　　　　　最も効果的なのは水溶性液体用泡消火剤であるが、強化液も霧状であれば効果がある

×2．ベンゼン、トルエン等の第4類危険物の消火に、~~棒状の強化液~~を放射す
　　る消火器を使用した。　　　　　　　　　　霧状の強化液であれば使用できる

×3．第4類の危険物の消火に、ハロゲン化物消火剤は~~全く効果がない~~。
　　　　　　　　　　　　　　　　　　　　　　　効果がある

×4．エタノールの火災に、~~棒状の強化液~~を放射する消火器を使用した。
　　　　　　　水溶性液体用泡消火剤が最適であるが、強化液も霧状であれば効果がある

○5．エタノールやアセトン等の火災に、水溶性液体用泡消火剤以外の一般的
　　な泡消火剤を使用すると、泡が消えるので効果的でない。

第1石油類（ガソリン）

虎の巻ポイント

❶自動車ガソリンの比重は〔1以下〕で、水より〔軽〕く水に浮く。

❷蒸気の比重は〔空気〕の3～4倍重いので、〔低所〕に滞留する。

❸引火点は〔−40℃以下〕で低く、冬季の屋外でも引火の危険性がある。

❹発火点は、約〔300℃〕であり、自然発火は〔しない〕。

❺燃焼範囲は1.4～7.6vol%で、〔10%以下〕の範囲内である。

❻ガソリンは種々の炭化水素の〔混合物〕であり、パラフィン系炭化水素の〔単体〕ではない。

❼ガソリンは電気の〔不導体〕であり、静電気が〔発生〕し〔帯電〕（蓄積）しやすい。

▶第1石油類に関する問題は、試験では一番多く出題される！

品　名	液比重	沸点（℃）	引火点（℃）	発火点（℃）	燃焼範囲（vol%）	水溶性
ガソリン	0.65～0.75	40～220	−40以下	約300	1.4～7.6	×

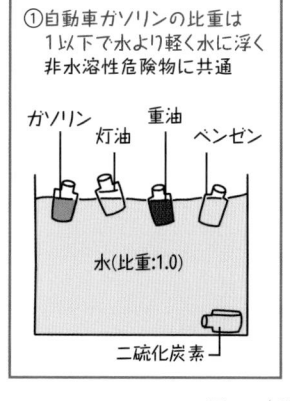

図1　自動車ガソリンの性質①

③ガソリンの引火点は、−40℃以下

引火点−40℃以下

ガソリン

④ガソリンは液温が300℃になると、
点火源がなくても自ら燃え出す

発火点300℃　自然発火は
しない

ガソリン

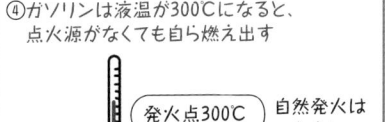

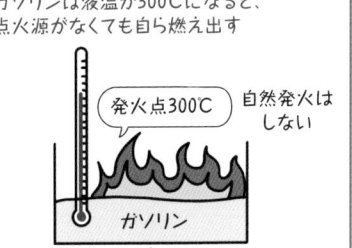

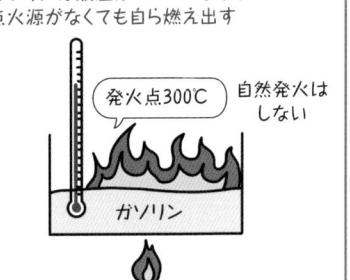

⑤燃焼範囲は1.4〜7.6vol%で、
10%以下の範囲内

〈燃焼範囲(vol%)〉

1.4　4　6 7.6　　36　　　60

メタノール

ガソリン　　アセトアルデヒド

⑥ガソリンは、炭化水素の
混合物である

パラフィン系炭化水素の単体ではない!

炭化水素:炭素と水素のみからなる化合物
単　　体:炭素や酸素のように1種類の
　　　　　元素からなる純物質

⑦ガソリンは、静電気が
発生し帯電(蓄積)しやすい

電気の不導体(絶縁体)で、
非水溶性(水に溶けない)の
危険物の例

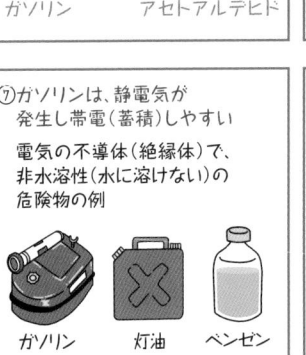

ガソリン　　灯油　　ベンゼン

⑧ガソリンに関連するその他の問題

●過酸化水素や硝酸(第6類の危険物)と
混合すると、発火の危険性が高くなる
●ガソリンの融点が約−40℃であったり、
沸点が約−40℃ということはない

図2　自動車ガソリンの性質②

第2石油類（灯油、軽油、酢酸、キシレン、他）

虎の巻ポイント

❶第2石油類は、霧状のときは火がつき〔やすい〕。

❷灯油や軽油の比重は〔1〕より小さく、水より〔軽い〕。

❸引火点は灯油が〔40℃〕以上で、軽油は〔45℃〕以上である。

❹灯油や軽油は電気の〔不導体〕であり、流動により静電気が発生〔しやすい〕。

❺酢酸は、強い腐食性がある〔有機酸〕である。

▶第2石油類は、第1石油類に次いで多く出題されるので、灯油と軽油について確実に覚えよう！

品　名	液比重	沸点（℃）	引火点（℃）	発火点（℃）	燃焼範囲（vol%）	水溶性
灯　油	約0.8	145〜270	40以上	220	1.1〜6.0	×
軽　油	約0.85	170〜370	45以上	220	1.0〜6.0	×
酢　酸	1.05	118	39	463	4.0〜19.9	○
キシレン（オルト）	0.88	144	33	463	1.0〜6.0	×

①第2石油類の概要

Ⅰ.第2石油類は、霧状のときは火がつきやすい

第2石油類の灯油は、常温（20℃）では火がつかない

灯油

灯油の引火点は、40℃以上

灯油も霧状にすれば、常温（20℃）でも火がつきやすい

灯油 20℃

灯油 20℃

Ⅱ.第2石油類は酢酸など水溶性のものもある

②灯油や軽油の比重

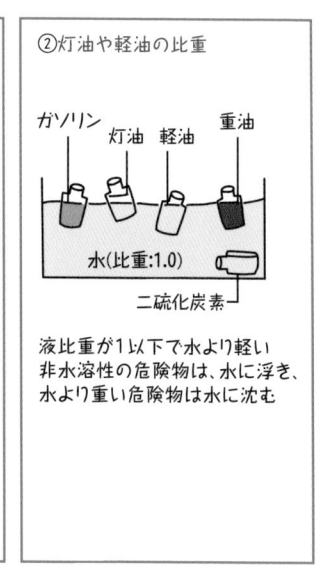

ガソリン　灯油　軽油　重油

水（比重:1.0）

二硫化炭素

液比重が1以下で水より軽い非水溶性の危険物は、水に浮き、水より重い危険物は水に沈む

図1　第2石油類の性質①

③引火点は灯油が40℃以上、
軽油は45℃以上である

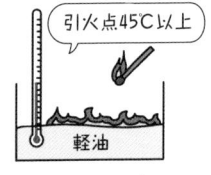
引火点45℃以上

軽油

軽油は45℃以上になると、
燃焼範囲の下限界以上の
蒸気が発生して引火する

④灯油や軽油は電気の不導体であり、
流動により静電気が発生し蓄積しやすい

灯油を移送後のローリーには、走行時の揺れ
等により静電気が蓄積(帯電)している。
さらに、ノズルからの注油は、流動摩擦等に
より静電気が発生しやすい

静電気に
注意!

⑤灯油に関するその他の問題

●「灯油の中にガソリンを注いで
も混ざりあわないため、
やがて分離する」×
→灯油も軽油も石油製品だから
混ざりあって当然!

●「灯油の発火点は100℃より低い」×
→100℃より低いのは二硫化炭素
(90℃)のみ

⑥軽油に関するその他の問題

●「軽油の蒸気は空気より
わずかに軽い」×
→第4類の蒸気の比重は、
全部1以上で空気より重い

●「軽油の沸点は水より高い」○
→軽油は混合物なので沸点は170〜370℃
であり、水の100℃より高い

⑦酢酸に関する問題

●「酢酸は粘性が高く水には溶けない」×
→食酢は酢酸を水に溶かして作る

食酢は、酢酸の
3〜5%の水溶液

●「酢酸は強い腐食性が
ある有機酸である」○

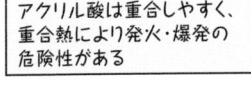
酢酸 → 食酢

●「酢酸は常温(20℃)で
容易に引火する」×
→酢酸の引火点は、さんく
(39)さんで39℃と覚えよう!

⑧キシレンに関する問題

●「キシレンの蒸気は空気より軽い」×
→第4類の危険物は全て蒸気比重が
1以上で空気より重い

⑨アクリル酸に関する問題

アクリル酸は重合しやすく、
重合熱により発火・爆発の
危険性がある

図2　第2石油類の性質②

3

学期　危険物の性質・火災予防・消火の方法

149

33 その1 第3石油類、第4石油類、動植物油類、他

虎の巻ポイント

❶重油は水より〔軽〕く水に浮く。

❷重油の〔引火点〕は 70 〜 150℃であり、これは発火点ではない。

❸第4石油類に着火した場合は〔泡〕消火剤が効果的で、〔棒状注水〕は効果がない。

❹動植物油類の〔乾性油〕は、布や紙等に染み込ませて放置すると〔自然発火〕しやすい。

❺不飽和脂肪酸の〔多〕い乾性油は、ヨウ素価が〔高〕く自然発火しやすい。

▶第3石油類の重油と動植物油類が重要なポイントです。

品　名	液比重	沸点（℃）	引火点（℃）	発火点（℃）	燃焼範囲（vol%）	水溶性
重　油	0.9 〜 1.0	300 以上	60 〜 150	250 〜 380	−	×
クレオソート油	1.0 以上	200 以上	74	336	−	×

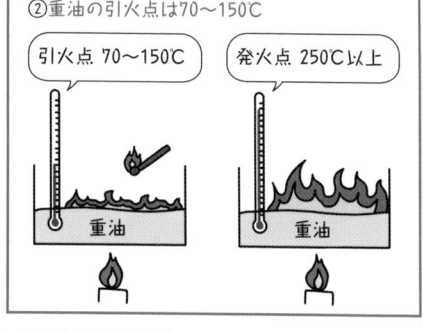

図1　第3石油類の性質

①第4石油類の沸点と
　引火点は大きく異なっており、
　同じであるというのは誤り

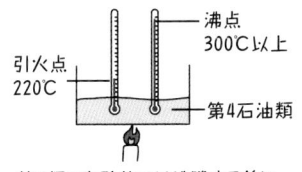

沸点
300℃以上

引火点
220℃

第4石油類

第4類の危険物では沸騰する前に、
引火するために必要な蒸気が液面上
に発生している

品名	引火点(℃)	沸点(℃)
ガソリン	-40以下	40〜220
ギヤー油	220	300以上

②第4石油類の引火点が
　第1石油類より低いというのは誤り

第1石油類から第4石油類に該当する
危険物は、法令の定めにより、数字が
大きくなれば必ず引火点は高くなる

	物品名	引火点(℃)
第1石油類	ガソリン	-40以下
第2石油類	灯油	40以上
第3石油類	重油	60〜150
第4石油類	ギヤー油	220

③第4石油類に着火した場合は泡消火剤が効果的で、棒状注水は効果がない

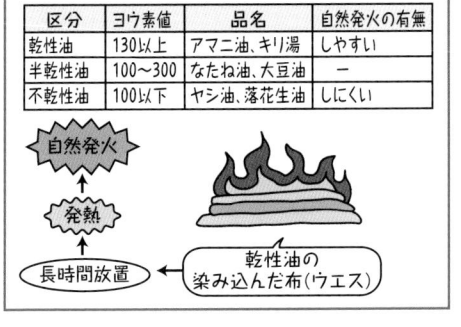

第4石油類

・燃焼しているタンク内の液温は、
　引火点からみて200℃以上
・棒状注水した水は沸騰して、
　燃焼物が飛び散るおそれがあるので
　危険！

消防車による
泡消火剤の放射(○)

消防車による
棒状注水(×)

図2　第4石油類の性質

①動植物油類の乾性油は、自然発火しやすい

区分	ヨウ素値	品名	自然発火の有無
乾性油	130以上	アマニ油、キリ湯	しやすい
半乾性油	100〜300	なたね油、大豆油	ー
不乾性油	100以下	ヤシ油、落花生油	しにくい

自然発火
↑
発熱
↑
長時間放置 ← 乾性油の
染み込んだ布(ウエス)

②動植物油類の引火点は、
　300℃程度というのは誤り

法令で動植物油類の
危険物の引火点は、250℃
未満と定められているので、
300℃程度のものはない！

図3　動植物油類の性質

特殊引火物、アルコール類

虎の巻ポイント

❶ジエチルエーテルは空気に触れると過酸化物を生成し、〔爆発〕することがある。

❷二硫化炭素の発火点は〔90℃〕で、第4類では一番〔低〕く、他に100℃以下のものはない。

❸アセトアルデヒドは、水やエタノールによく〔溶ける〕。

❹第4類のアルコール類の〔沸点〕は、水より〔低〕い

❺メタノールとエタノールの引火点は、常温（20℃）より〔低〕い。

❻特殊引火物と〔アルコール類〕の燃焼範囲は、ガソリンや灯油等の石油製品と比べるとすべて〔広〕い。

▶特殊引火物とアルコール類は試験に出やすいので要注意分野です。

品　名	液比重	沸点（℃）	引火点（℃）	発火点（℃）	燃焼範囲（%）	水溶性
ジエチルエーテル	0.7	35	− 45	160	1.9 ～ 36	△
二硫化炭素	1.3	46	− 30 以下	90	1.3 ～ 50	×
アセトアルデヒド	0.8	21	− 39	175	4.0 ～ 60	○
酸化プロピレン	0.8	35	− 37	449	2.3 ～ 36	○

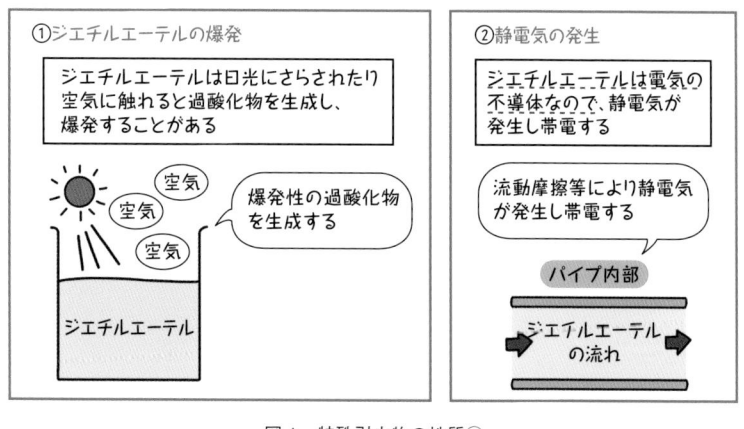

図1　特殊引火物の性質①

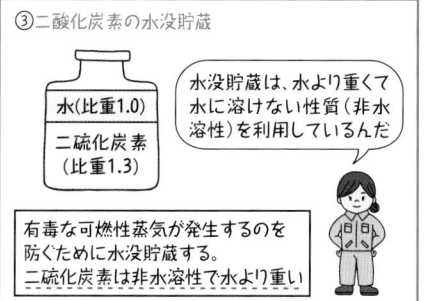

③二酸化炭素の水没貯蔵

水(比重1.0)
二硫化炭素
(比重1.3)

水没貯蔵は、水より重くて水に溶けない性質(非水溶性)を利用しているんだ

有毒な可燃性蒸気が発生するのを防ぐために水没貯蔵する。
二硫化炭素は非水溶性で水より重い

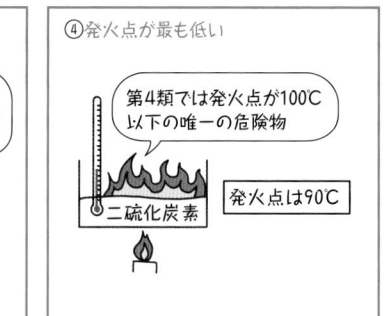

④発火点が最も低い

第4類では発火点が100℃以下の唯一の危険物

二硫化炭素

発火点は90℃

⑤アセトアルデヒドの特性

アセトアルデヒド　水
完全に溶解

アセトアルデヒド　エタノール
完全に溶解

水溶性液体なので水によく溶ける

エタノール等の有機溶剤によく溶ける

1.4　4　6 7.6　36　60

ガソリン

メタノール

アセトアルデヒド

燃焼範囲が広いものは危険

蒸気の濃度に関わらず、燃焼するおそれがあるので危険

図2　特殊引火物の性質②

品 名	液比重	沸点(℃)	引火点(℃)	発火点(℃)	燃焼範囲(%)	水溶性
メタノール	0.8	64	11	464	6.0 ～ 36	○
エタノール	0.8	78	13	363	3.3 ～ 19	○
イソプロピルアルコール (2-プロパノール)	0.79	82	15	399	2.0 ～ 12.7	○

①メタノールの燃焼範囲は広い

メタノールは自動車ガソリンに比べ燃焼範囲が狭いというのは、誤り

②アルコール類の毒性

・メタノールは毒性が強い
・エタノールは無毒

③アルコール類の沸点

メタノール、エタノール等アルコール類の沸点は、すべて100℃の水より低い

④アルコールから水素発生

アルコール類に金属ナトリウムを加えると、水素が発生する

H₂　H₂
H₂

アルコール類　金属ナトリウム

図3　アルコール類の性質

第1石油類（ベンゼン、トルエン、アセトン、他）

虎の巻ポイント

❶ベンゼンの引火点は、トルエンより〔低〕い。

❷ベンゼンとトルエンは〔非水溶性液体〕であり水に〔溶けない〕が、多くの〔有機溶媒〕によく溶ける。

❸ベンゼンとトルエンはいずれも〔芳香族炭化水素〕で、蒸気は〔有毒〕である。

❹アセトンは、〔水溶性液体〕で水によく〔溶ける〕。

▶ベンゼン、トルエン等は、石油類以外で最頻出の分野です。

品　名	液比重	沸点(℃)	引火点(℃)	発火点(℃)	燃焼範囲(%)	水溶性
ベンゼン	0.9	80	− 11	498	1.2 ～ 7.8	×
トルエン	0.9	111	4	480	1.1 ～ 7.1	×
アセトン	0.8	56	− 20	465	2.5 ～ 12.8	○

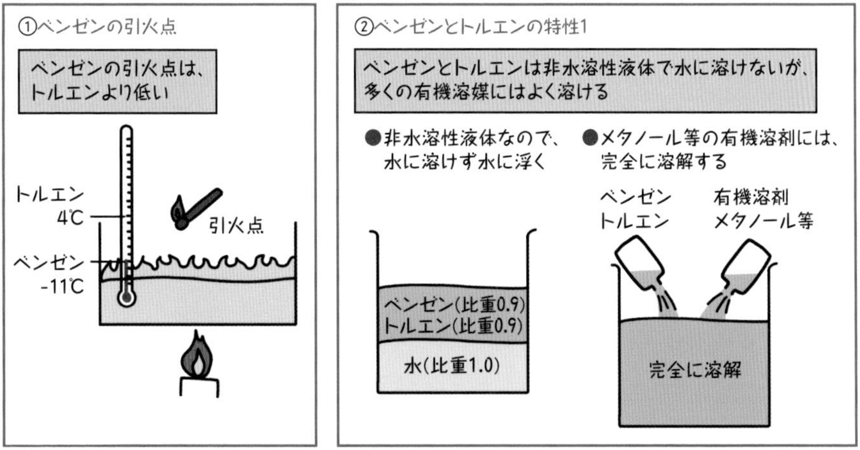

①ベンゼンの引火点

ベンゼンの引火点は、トルエンより低い

トルエン
4℃
引火点

ベンゼン
-11℃

②ベンゼンとトルエンの特性1

ベンゼンとトルエンは非水溶性液体で水に溶けないが、多くの有機溶媒にはよく溶ける

●非水溶性液体なので、水に溶けず水に浮く

ベンゼン(比重0.9)
トルエン(比重0.9)
水(比重1.0)

●メタノール等の有機溶剤には、完全に溶解する

ベンゼン　　有機溶剤
トルエン　　メタノール等

完全に溶解

図1　ベンゼン、トルエンの性質①

図2　ベンゼン、トルエンの性質②

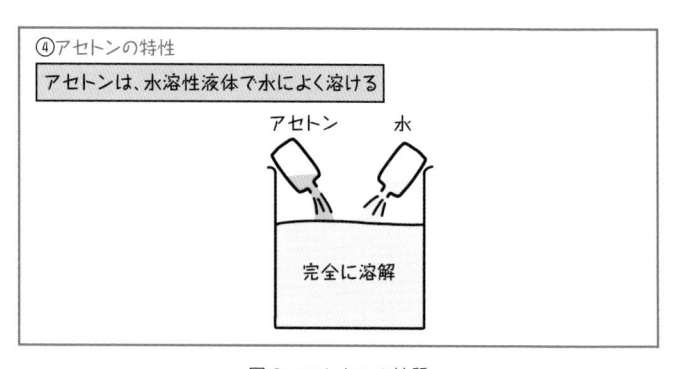

図3　アセトンの性質

実力テスト

［9］第1石油類のガソリンに関して、正しいものには○を、誤っているもの
には×をせよ。
1. 自動車ガソリンの液体の比重は、1以下である。
2. 自動車ガソリンの蒸気比重は、1より小さい。
3. 引火点が低く、冬季の屋外でも引火の危険性が大きい。
4. 発火点は、100℃以下である。
5. 自動車ガソリンは、自然発火しやすい。

［10］第1石油類のガソリンに関して、正しいものには○を、誤っているも
のには×をせよ。
1. 燃焼範囲は、おおむね1～8vol%である。
2. 自動車ガソリンは、パラフィン系炭化水素の単体である。
3. 過酸化水素や硝酸と混合すると、発火の危険性が低くなる。
4. 燃焼範囲の上限値は、10%を超える。
5. 自動車ガソリンの引火点は、一般に－40℃以下である。

［11］第2石油類に関して、正しいものには○を、誤っているものには×を
せよ。
1. 第2石油類に水溶性のものはない。
2. 灯油の引火点は、40℃以上である。
3. 灯油の中にガソリンを注いでも混ざりあわないため、やがて分離する。
4. 灯油は電気の導体である。
5. 軽油の蒸気は、空気よりわずかに軽い。

答えあわせ

[9] 第1石油類のガソリンに関して、正しいものには○を、誤っているものには×をせよ。

○ 1．自動車ガソリンの液体の比重は、1以下である。

× 2．自動車ガソリンの蒸気比重は、~~1より小さい~~。 ^{1より大きく、3～4である}

○ 3．引火点が低く、冬季の屋外でも引火の危険性が大きい。

× 4．発火点は、~~100℃以下~~である。 ^{約300℃}

× 5．自動車ガソリンは、自然発火~~しやすい~~。 ^{しない}

[10] 第1石油類のガソリンに関して、正しいものには○を、誤っているものには×をせよ。

○ 1．燃焼範囲は、おおむね1～8vol%である。

× 2．自動車ガソリンは、~~パラフィン系炭化水素の単体~~である。 ^{種々の炭化水素の混合物である}

× 3．過酸化水素や硝酸と混合すると、発火の危険性が~~低くなる~~。 ^{→第6類の酸化性液体} ^{酸化剤との混合は、発火の危険性が高くなる}

× 4．燃焼範囲の上限値は、~~10%を超える~~。 ^{約8%である}

○ 5．自動車ガソリンの引火点は、一般に－40℃以下である。

[11] 第2石油類に関して、正しいものには○を、誤っているものには×をせよ。

× 1．第2石油類に~~水溶性のものはない~~。 ^{酢酸などが水溶性である}

○ 2．灯油の引火点は、40℃以上である。

× 3．灯油の中にガソリンを注いでも~~混ざりあわないため、やがて分離する~~。 ^{同じ石油製品なので、よく混ざりあう}

× 4．灯油は電気の~~導体~~である。 ^{不導体}

× 5．軽油の蒸気は、空気より~~わずかに軽い~~。 ^{相当に重い}

[12] **第2石油類に関して、正しいものには○を、誤っているものには×を
せよ。**

1．軽油は水より軽いが、灯油は水より重い。

2．キシレンの蒸気は、空気より軽い。

3．酢酸は、強い腐食性がある有機酸である。

4．酢酸の燃焼範囲の下限界は、ガソリンのそれよりも低い。

5．アクリル酸は重合しやすいが、重合熱は極めて小さいので、発火・爆発
のおそれはない。

[13] **第3・第4石油類などに関して、正しいものには○を、誤っているも
のには×をせよ。**

1．重油は、一般に水より重い。

2．重油の発火点は、70 〜 150℃である。

3．クレオソート油は、アルコールなどの有機溶媒や水によく溶ける。

4．第4石油類の引火点は、第1石油類より低い。

5．第4石油類が着火した場合には、油温を下げる効果が期待できるので、
棒状注水が有効である。

[14] **動植物油類、その他に関して、正しいものには○を、誤っているもの
には×をせよ。**

1．布や紙などに染み込んで大量に放置されていると、自然発火する危険性
が最も高い危険物は、動植物油のうち乾性油である。

2．動植物油は、ヨウ素価の小さいものほど自然発火しやすい。

3．動植物油の引火点は、300℃程度である。

4．不飽和脂肪酸を含む油脂に水素を付加した硬化油は、マーガリン等の食
品として利用される。

5．二硫化炭素、アセトン、エタノールで、水に溶けるのはアセトンだけで
ある。

答えあわせ

[12] 第2石油類に関して、正しいものには○を、誤っているものには×を せよ。

× 1. 軽油は水より軽いが、灯油は水より~~重い~~。 _{軽い}

× 2. キシレンの蒸気は、空気より~~軽い~~。
　　　　　　　　重い（第4類は全部空気より重い）

○ 3. 酢酸は、強い腐食性がある有機酸である。

× 4. 酢酸の燃焼範囲の下限界は、ガソリンのそれよりも~~低い~~。 _{高い}

× 5. アクリル酸は重合しやすいが、~~重合熱は極めて小さいので、発火・爆発~~
　　　　　　　　　　　　　　重合熱が大きいので、発火・爆発のおそれがある
　　~~のおそれはない~~。

[13] 第3・第4石油類などに関して、正しいものには○を、誤っているも のには×をせよ。

× 1. 重油は、一般に水より~~重い~~。 _{軽い}

× 2. 重油の~~発火点~~は、70 〜 150℃である。 _{引火点}

× 3. クレオソート油は、アルコールなどの有機溶媒や~~水によく溶ける~~。
　　　　　　　　　　　　　　　　　　　　水には溶けない

× 4. 第4石油類の引火点は、第1石油類より~~低い~~。 _{高い}

× 5. 第4石油類が着火した場合には、油温を下げる効果が期待できるので、~~棒~~
　　~~状注水が有効である~~。　　　　　　　　第4石油類の
　　消火は油温が高いので、水による消火は効果がないばかりか油が飛び散るので危険である

[14] 動植物油類、その他に関して、正しいものには○を、誤っているもの には×をせよ。

○ 1. 布や紙などに染み込んで大量に放置されていると、自然発火する危険性 が最も高い危険物は、動植物油のうち乾性油である。

× 2. 動植物油は、ヨウ素価の~~小さい~~ものほど自然発火しやすい。 _{大きい}

× 3. 動植物油の引火点は、~~300℃程度である~~。
　　　　　　　　　　法令では250℃未満である

○ 4. 不飽和脂肪酸を含む油脂に水素を付加した硬化油は、マーガリン等の食 品として利用される。

× 5. 二硫化炭素、アセトン、エタノールで、水に溶けるのは~~アセトンだけで~~
　　　　　　　　　　　　　　　　　　エタノールも溶ける
　　~~ある~~。

実力テスト

[15] 特殊引火物に関して、正しいものには○を、誤っているものには×を
せよ。
1．ジエチルエーテルは電気の導体であり、流動等によっても静電気が発生
しにくい。
2．二硫化炭素は、無臭の液体で水に溶けやすく、また水より軽い。
3．二硫化炭素の蒸気は、空気より軽く毒性がある。
4．アセトアルデヒドは、水やエタノールに溶けない。
5．アセトアルデヒドの引火点は非常に低いが、燃焼範囲が狭いので、ガソ
リンに比べると火災の危険性は少ない。

[16] アルコール類に関して、正しいものには○を、誤っているものには×
をせよ。
1．アルコール類の沸点は、水より低い。
2．メタノールの毒性は、エタノールより低い。
3．メタノールやエタノールは、ナトリウムと反応して酸素を発生する。
4．メタノールやエタノールは、燃焼しても炎の色が淡く、気づきにくい。
5．メタノールやエタノールの燃焼範囲は、ガソリンより狭い。

[17] 第1石油類のベンゼン、トルエン、アセトンなどに関して、正しいも
のには○を、誤っているものには×をせよ。
1．ベンゼンは水より重い。
2．ベンゼンは、水と反応して発熱する。
3．ベンゼンは、水によく溶けるが、多くの有機溶媒には溶けない。
4．ベンゼンとトルエンは、いずれも水によく溶ける。
5．ベンゼンとトルエンは、いずれも動植物油を溶かすが、エタノールには
溶けない。

答えあわせ

[15] 特殊引火物に関して、正しいものには○を、誤っているものには×をせよ。

× 1．ジエチルエーテルは電気の~~導体~~（不導体）であり、流動等によっても静電気が~~発生しにくい~~（発生しやすい）。

× 2．二硫化炭素は、~~無臭の液体で水に溶けやすく、また水より軽い~~（一般には不快臭がして、水に溶けない。また、水より重い）。

× 3．二硫化炭素の蒸気は、空気より~~軽く~~（重く）毒性がある。

× 4．アセトアルデヒドは、水やエタノールに~~溶けない~~（溶ける）。

× 5．アセトアルデヒドの引火点は非常に低いが、燃焼範囲が~~狭い~~（広い）ので、ガソリンに比べると火災の危険性は~~少ない~~（大きい）。

[16] アルコール類に関して、正しいものには○を、誤っているものには×をせよ。

○ 1．アルコール類の沸点は、水より低い。

× 2．メタノールの毒性は、エタノールより~~低い~~（高い）。

× 3．メタノールやエタノールは、ナトリウムと反応して~~酸素~~（水素）を発生する。

○ 4．メタノールやエタノールは、燃焼しても炎の色が淡く、気づきにくい。

× 5．メタノールやエタノールの燃焼範囲は、ガソリンより~~狭い~~（広い）。

[17] 第1石油類のベンゼン、トルエン、アセトンなどに関して、正しいものには○を、誤っているものには×をせよ。

× 1．ベンゼンは水より~~重い~~（軽い）。

× 2．ベンゼンは、~~水と反応して発熱する~~（水と反応しないし発熱もしない）。

× 3．ベンゼンは、水に~~よく溶ける~~（溶けない）が、多くの有機溶媒には~~溶けない~~（よく溶ける）。

× 4．ベンゼンとトルエンは、いずれも水に~~よく溶ける~~（溶けない）。

× 5．ベンゼンとトルエンは、いずれも動植物油を溶かすが、エタノールには~~溶けない~~（溶ける）。

[18] 第1石油類のベンゼン、トルエン、アセトンなどに関して、正しいも
　　のには○を、誤っているものには×をせよ。

1．アセトンは水に不溶で水に浮く。

2．アセトンは、アルコールに溶けない。

3．アセトンは、過酸化水素、硝酸と混合すると発火することがある。

4．アセトンは水に任意の割合で溶けるが、ジエチルエーテル、クロロホル
　　ムにはほとんど溶けない。

5．次のA～Eの危険物で、引火点が0℃以下のものは2つある。

　　A．ジエチルエーテル　　　B．ピリジン　　　C．酢酸

　　D．トルエン　　　　　　　E．アセトン

[18] 第1石油類のベンゼン、トルエン、アセトンなどに関して、正しいも

のには○を、誤っているものには×をせよ。

×1. アセトンは水に不溶で水に浮く。（水に溶けるので、浮くことはない）

×2. アセトンは、アルコールに溶けない。（溶ける）

○3. アセトンは、過酸化水素、硝酸と混合すると発火することがある。

×4. アセトンは水に任意の割合で溶けるが、ジエチルエーテル、クロロホル

ムにはほとんど溶けない。（よく溶ける）

○5. 次のA～Eの危険物で、引火点が0℃以下のものは2つある。

　　○A. ジエチルエーテル － 45℃　　? B. ピリジン

　　C. 酢酸 39℃　　D. トルエン 4℃　　○E. アセトン － 20℃

　　※過去の出題傾向から、「B. ピリジン」は、数値を問われることはま

　　ずありません。

　　本書で説明されておらず、難しくてわからない選択肢にはこのよう

　　に「? 印」をして、無理に○×の印をしないこと。「? 印」をした選

　　択肢が答えになることは、90％の確率でありません。（最近の出題の

　　傾向より）

模擬テスト

過去問の中から
出題可能性の高い問題
だけで構成しました

 実際の出題形式で5回分を収録

[1] 法令上、危険物に関する説明について、次のうち誤っているものはどれか。

1. 危険物とは、法別表第一の品名欄に掲げる物品で、同表に定める区分に応じ同表の性質欄に掲げる性状を有するものをいう。

2. 危険物の状態は、1気圧、温度20℃において固体又は液体である。

3. 危険物を含有する物品であっても、政令で定める試験において、政令で定める性状を示さなければ危険物に該当しない。

4. 危険物の区分として、第1類から第6類までの6つの類に分けられている。

5. 不燃性又は難燃性でない固体の合成樹脂製品は、危険物に該当する。

[2] 法令上、予防規程について、次のうち正しいものはどれか。

1. 予防規程を定めたときは、市町村長等の認可を受けなければならない。

2. すべての製造所等の所有者等は、予防規程を定めておかなければならない。

3. 予防規程は自主保安のための基準なので、貯蔵及び取扱いの技術基準に適合しない場合にのみ作成する。

4. 予防規程は、危険物施設保安員が作成しなければならない。

5. 自衛消防組織を編成する場合、予防規程は当該組織の設置をもってこれに代えることができる。

[3] 法令上、指定数量の異なる危険物A〜Cを屋内貯蔵所で貯蔵する場合の指定数量の倍数として、次のうち正しいものはどれか。

1. A、B及びCの貯蔵量の和を、A、B及びCの指定数量のうち、最も小さい数値で除して得た値。

2. A、B及びCの貯蔵量の和を、A、B及びCの指定数量の平均値で除して得た値。

3. A、B及びCの貯蔵量の和を、A、B及びCの指定数量の和で除して得た値。

4. A、B及びCのそれぞれの貯蔵量を、それぞれの指定数量で除して得た値の和。

5. A、B及びCのそれぞれの貯蔵量を、A、B及びCの指定数量の平均値で除して得た値の和。

[4] 法令上、学校、病院等指定された建築物等から、外壁またはこれに相当する工作物の外側までの間に、それぞれ定められた距離を保たなければならない製造所等として、次のA〜Eのうち、該当しないものの組合せはどれか。ただし、防火上有効な塀等はないものとし、基準の特例が適用されるものは除く。

A．屋外タンク貯蔵所
B．販売取扱所
C．屋外貯蔵所
D．一般取扱所
E．給油取扱所

1．AとC　　2．AとD　　3．BとD　　4．BとE　　5．CとE

[5] 法令上、消火設備の区分について、次のうち正しいものはどれか。

1．消火設備は、第1種から第6種に区分されている。
2．第4類の危険物に適応する消火設備を、第4種という。
3．消火粉末を放射する小型消火器は、第4種の消火設備である。
4．乾燥砂は、第5種の消火設備である。
5．泡を放射する大型消火器は、第3種の消火設備である。

[6] 法令上、次の4基の屋外貯蔵タンクを同一の防油堤内に設置する場合、この防油堤の必要最小限の容量として、正しいものはどれか。

　　1号タンク　　重　油　　300kL
　　2号タンク　　軽　油　　500kL
　　3号タンク　　ガソリン　100kL
　　4号タンク　　灯　油　　200kL

1．100kL　　2．500kL　　3．550kL　　4．800kL　　5．1,100kL

[7] 法令上、次の文の【 】内のA～Cに当てはまる語句の組合せとして、正しいものはどれか。

「製造所等（移送取扱所を除く）を設置するためには、消防本部及び消防署を置く市町村の区域では当該【A】、その他の区域では当該区域を管轄する【B】の許可を受けなければならない。これは設置計画に対する許可であるので、工事完了後には必ず【C】により、許可内容どおり設置されているかどうかの確認を受けなければならない。」

	A	B	C
1	消防長又は消防署長	市町村長	機能検査
2	市町村長	都道府県知事	完成検査
3	市町村長	都道府県知事	機能検査
4	消防長	市町村長	完成検査
5	消防署長	都道府県知事	書類審査

[8] 法令上、製造所等の所有者等に対し、製造所等の使用停止を命ぜられる事由として、次のうち誤っているものはどれか。

1. 給油取扱所の構造を無許可で変更したとき。
2. 設置の完成検査を受けないで、屋内貯蔵所を使用したとき。
3. 地下タンク貯蔵所の定期点検を、規定の期間内に行わなかったとき。
4. 基準違反の製造所に対する、修理、改造、移転命令に従わなかったとき。
5. 移動タンク貯蔵所の危険物取扱者が、危険物の取扱作業の保安に関する講習を受けていないとき。

[9] 法令上、貯蔵し、又は取り扱う危険物の指定数量の倍数にかかわらず、定期点検を行わなければならない製造所等の組合せで、次のうち正しいものはどれか。ただし、鉱山保安法の規定により保安規程を定めている製造所等、火薬類取締法の規定により危害予防規程を定めている製造所等を除く。

1. 給油取扱所　　　　　　販売取扱所
2. 屋内タンク貯蔵所　　　屋内貯蔵所
3. 屋外タンク貯蔵所　　　屋外貯蔵所
4. 簡易タンク貯蔵所　　　一般取扱所
5. 移動タンク貯蔵所　　　地下タンク貯蔵所

[10] 法令上、危険物取扱者について、次のうち正しいものはどれか。

1. 甲種危険物取扱者のみが、危険物保安監督者になることができる。
2. 乙種危険物取扱者は、危険物施設保安員になることはできない。
3. 丙種危険物取扱者は、特定の危険物に限り、危険物取扱者以外の者が行う危険物の取扱作業に立ち会うことができる。
4. すべての危険物取扱者は、一定期間内に危険物の取扱作業の保安に関する講習を受けなければならない。
5. 危険物取扱者以外の者が製造所等において危険物を取り扱う場合、指定数量未満であっても、甲種危険物取扱者又は当該危険物を取り扱うことができる乙種危険物取扱者の立会いが必要である。

[11] 法令上、危険物の取扱作業の保安に関する講習について、次のうち正しいものはどれか。

1. 甲種危険物取扱者と乙種危険物取扱者のみが、受講しなければならない。
2. 製造所等において危険物の取扱作業に従事していない危険物取扱者は、講習を受けなくてよい。
3. 法令に違反した者は、1年に1回受講しなければならない。
4. 危険物保安監督者に選任された者のみが、受講しなければならない。
5. 免状の交付を受けている者は、10年ごとの更新時に受講しなければならない。

[12] 法令上、貯蔵し、又は取り扱う危険物の品名、数量又は指定数量の倍数にかかわりなく、危険物保安監督者を定めなくてもよい製造所等は、次のうちどれか。

1．製造所
2．屋外タンク貯蔵所
3．給油取扱所
4．移送取扱所
5．移動タンク貯蔵所

[13] 法令上、移動タンク貯蔵所による危険物の移送、貯蔵及び取扱いの技術上の基準について、次のうち正しいものはどれか。

1．移動タンク貯蔵所には、完成検査済証、定期点検の点検記録等を備え付けておかなければならない。
2．第4類第1石油類を指定数量の100倍以上移送する場合は、移送経路その他必要な書類を関係機関に送付するとともに、書面の写しを携帯しなければならない。
3．危険物取扱者は、指定数量未満の危険物を移送する移動タンク貯蔵所に乗車する場合は、免状を携帯しないことができる。
4．市町村長等の許可を得れば、危険物取扱者が危険物を移送する移動タンク貯蔵所に乗車する場合は、免状を携帯しないことができる。
5．移送終了後、底弁、その他の弁、マンホールのふた等の点検を行わなければならない。

[14] 法令上、危険物の運搬について、次のうち正しいものはどれか。

1. 危険物を運搬する場合は、容器、積載方法及び運搬方法について技術上の基準に従わなければならない。

2. 車両で運搬する危険物が指定数量未満であっても、必ずその車両に消火設備を備え付けなければならない。

3. 類を異にする危険物の混載は、すべて禁止されている。

4. 指定数量以上の危険物を車両で運搬する場合は、危険物施設保安員が乗車しなければならない。

5. 車両で運搬する危険物が指定数量未満であっても、必ず当該車両に「危」の標識を掲げなければならない。

[15] 法令上、製造所等における危険物の貯蔵及び取扱いの技術上の基準について、次のうち正しいものはどれか。

1. 危険物が残存しているおそれのある機械器具等を修理する場合は、危険物を完全に除去しなければならない。

2. 製造所等では火災予防のため、いかなる場合であっても火気を使用してはならない。

3. 危険物のくず、かす等は、1週間に1回以上当該危険物に応じた安全な場所で適当な処置をすること。

4. 位置、構造及び設備の技術上の基準に適合する範囲内ならば、許可又は届出に係わる数量以上の危険物を、随時貯蔵し取り扱うことができる。

5. 危険物を廃棄する場合は、いかなる場合であっても焼却してはならない。

[16] 次の文の【　】内のA〜Cに当てはまる語句の組合せとして、正しいもの
はどれか。
「燃焼は、【A】と【B】の発生を伴う【C】である。」

	A	B	C
1	熱	煙	還元反応
2	熱	光	還元反応
3	炎	煙	分解反応
4	炎	熱	分解反応
5	熱	光	酸化反応

[17] 可燃性液体の通常の燃焼について、次のうち正しいものはどれか。
1. 液体の表面から発生する蒸気が空気と混合して燃焼する。
2. 液体が蒸発しないで、液体そのものが空気と接触しながら燃焼する。
3. 液体の内部で燃焼が起こり、その燃焼生成物が炎となって液面上に現れる。
4. 液体が熱によって分解され、その際に発生する可燃性ガスが燃焼する。
5. 液体の内部に空気を吸収しながら燃焼する。

[18] 引火点の説明として、次のうち正しいものはどれか。
1. 可燃物を空気中で加熱した場合、点火しなくても、おのずから燃え出す最低
の温度をいう。
2. 発火点と同じものであるが、その可燃物が気体又は液体の場合は発火点とい
い、固体の場合は引火点という。
3. 燃焼範囲の上限界以上の蒸気を出すときの液体の最低温度をいう。
4. 可燃性液体が空気中で点火したとき、燃焼するのに十分な濃度の蒸気を液面
上に発生する最低の液温をいう。
5. 可燃物の燃焼温度は、燃焼開始時において最も低く、時間の経過とともに高
くなっていくが、その燃焼開始時における炎の温度をいう。

[19] 消火に関する次の文の【　】内のA〜Cに該当する語句の組合せで、次のうち正しいものはどれか。

「一般的に燃焼に必要な酸素の供給源は空気である。空気中には約【A】の酸素が含まれており、この酸素濃度を燃焼に必要な濃度以下にする消火方法を【B】という。物質により燃焼に必要な酸素量は異なるが、一般に石油類では、空気中の酸素濃度を約【C】以下にすると燃焼は停止する。」

	A	B	C
1	25vol%	窒息消火	20vol%
2	21vol%	除去消火	18vol%
3	25vol%	除去消火	14vol%
4	21vol%	窒息消火	14vol%
5	21vol%	除去消火	20vol%

[20] 次の実験結果について、正しいものはどれか。

「空気中で、ある化合物を−50℃から徐々に温めると、−42℃の時に液体になり始めた。そのまま温め続け、液温が常温（20℃）まで上がった時、液面付近の蒸気濃度を測定すると、1.8vol%であった。更に加熱を続けたところ液温は115℃で一定となり、すべて気化してしまった。また、液温が20℃のものを別容器に取り、液面付近に火花を飛ばすと激しく燃えだした。」

1．この物質の分解温度は、−42℃である。
2．この物質の沸点は、115℃である。
3．この物質の発火点は、20℃である。
4．この物質の融点は、−50℃である。
5．この物質の燃焼範囲は、0〜1.8vol%である。

[21] 静電気について、次の【 】内のA〜Cに当てはまる語句の組合せで正しいものはどれか。

「可燃性液体は一般に電気の【A】であり、これらの液体がパイプやホース中を流れるときは、静電気が発生しやすい。この静電気の蓄積を防止するためには、なるべく流速を【B】し、電気の【C】により接地するなどの方法がある。」

	A	B	C
1	導 体	遅 く	絶縁体
2	不導体	速 く	導 体
3	不導体	遅 く	導 体
4	導 体	速 く	絶縁体
5	導 体	遅 く	導 体

[22] 比熱 2.5J/（g・K）である液体 200g の温度を、10℃から 30℃まで上昇させるのに要する熱量は、次のうちどれか。

1．1.6kJ　　2．3.2kJ　　3．5.0kJ　　4．10.0kJ　　5．25.0kJ

[23] 天然ガスの主成分であるメタン（CH_4）の完全燃焼したときの熱化学方程式は、次のとおりである。

$$CH_4（気）+2O_2（気）= CO_2（気）+2H_2O（液）+ 891kJ$$

この化学反応式からいえることとして、次のうち正しいものはどれか。ただし、（気）は気体の状態、（液）は液体の状態を示している。

1．メタン 1mol に対し、酸素 2mol が生成する。

2．メタン 1mol に対し、水 2mol が反応する。

3．メタンが完全燃焼したときの反応生成物は、二酸化炭素と水のみである。

4．反応の前後を比較すると、酸素原子の数は、反応前より反応後の方が多い。

5．メタン 1mol が完全燃焼するとき、891kJ のエネルギーが吸収される。

【24】鉄の腐食について、次のうち正しいものはどれか。

1．鉄が腐食するときに水を分解して、酸素が発生する。

2．酸性域の中では、水素イオン濃度が低いほど腐食しやすい。

3．アルカリ性のコンクリート中では、腐食は防止される。

4．塩分の付着したものは、腐食しにくい。

5．水中で鉄と銅が接触している場合は、銅の腐食は速くなる。

【25】酸化と還元について、次のうち誤っているものはどれか。

1．物質が酸素と化合することを酸化という

2．物質が水素と化合することを還元という

3．化合物が水素を失うことを酸化という。

4．酸化物が酸素を失うことを還元という。

5．同一反応内において、酸化と還元は同時に起こることはない。

[26] 第1類から第6類の危険物の性状等について、次のうち誤っているものは
どれか。

1. 危険物には常温（20℃）において、気体、液体及び固体のものがある。
2. 不燃性の液体又は固体で、酸素を分離して他の危険物の燃焼を助けるものが
ある。
3. 水と接触して発熱し、可燃性ガスを生成するものがある。
4. 危険物には単体、化合物及び混合物の3種類がある。
5. 分子内に酸素を含んでおり、他から酸素の供給がなくても燃焼するものがあ
る。

[27] 第4類の危険物の一般性状について、次の文の【 】内のA～Cに当ては
まる語句の組合せとして、正しいものはどれか。
「第4類の危険物は、引火点を有する【A】であり、その比重は、1より
【B】ものが多い。また、電気の【C】であるものが多く、静電気が蓄積さ
れやすい。」

	A	B	C
1	液体	小さい	導　体
2	液体または固体	小さい	導　体
3	液体	小さい	不導体
4	液体または固体	大きい	導　体
5	液体	大きい	不導体

[28] 灯油を貯蔵し、取り扱うときの注意事項として、次のうち妥当なものはど
れか。

1. 蒸気は空気より軽いので、換気口は室内の上部に設ける。
2. 静電気が発生しやすいので、激しい動揺又は流動を避ける。
3. 常温（20℃）で容易に分解し、発熱するので、冷所に貯蔵する。
4. 直射日光により過酸化物を生成するおそれがあるので、容器に日覆いをする。
5. 空気中の湿気を吸収して爆発するので、容器に不活性ガスを封入する。

[29] 次の事故事例を教訓とした今後の事故対策として、誤っているものはどれか。

「給油取扱所において、計量口が設置されている地下専用タンクに、移動貯蔵タンクからガソリンを注入する際、作業者が誤って他のタンクの注入口に注入ホースを結合したため、この地下専用タンクの計量口からガソリンが噴出した。」

1. 注入開始前に、移動貯蔵タンクと注入する地下タンクの油量を確認する。
2. 注入ホースを結合する注入口に誤りがないことを確認する。
3. 地下専用タンクの注入管に過剰注入防止装置を設置する。
4. 地下専用タンクの計量口は、注入中は開放し常時ガソリンの注入量を確認できるようにする。
5. 注入作業は、給油取扱所と移動タンク貯蔵所の両方の危険物取扱者が立ち会い、誤りがないことを確認し実施する。

[30] メタノールの火災に対する消火方法として、次のうち不適切なものはどれか。

1. 二酸化炭素消火剤を放射する。
2. ハロゲン化物消火剤を放射する。
3. 粉末消火剤を放射する。
4. 水溶性液体用以外の泡消火剤を放射する。
5. 霧状の強化液を放射する。

[31] ガソリンの性状として、次のうち正しいものはどれか。

1. 蒸気比重は1より小さい。
2. 二硫化炭素より発火点は低い。
3. ジエチルエーテルより燃焼範囲は広い。
4. 自動車ガソリンの引火点は、一般に－40℃以下である。
5. 水より重い。

[32] 灯油及び軽油の性状について、次のうち正しいものはどれか。

1．ともに精製したものは無色であるが、軽油はオレンジ色に着色されている。

2．灯油は一種の植物油であり、軽油は石油製品である。

3．ともに電気の不導体で、流動により静電気が発生しやすい。

4．ともに第3石油類に属する。

5．ともに液温が常温（20℃）付近のときでも引火する。

[33] 重油の一般的性状について、次のうち誤っているものはどれか。

1．水に溶けない。

2．水より重い。

3．日本工業規格では、1種（A重油）、2種（B重油）および3種（C重油）に分類される。

4．発火点は100℃より高い。

5．3種（C重油）の引火点は、70℃以上である。

[34] ジエチルエーテルの性状について、次のうち誤っているものはどれか。

1．蒸気は空気より重い。

2．発火点は100℃より高い。

3．常温（20℃）では引火しない。

4．わずかに水に溶け、水より軽い。

5．沸点は低い。

[35] ベンゼンの性状について、次のうち誤っているものはどれか。

1．無色透明の液体である。

2．特有の芳香を有している。

3．水によく溶ける。

4．揮発性があり、蒸気は空気より重い。

5．アルコール、ヘキサン等の有機溶媒に溶ける。

危険物に関する法令

[1] 答 **5** p2 参照。 ×5. 合成樹脂製品は危険物ではない。1. ～ 3. は答えになるので、全部読んで覚えよう！

[2] 答 **1** p5 参照。 ×2. 12 箇所の危険物施設のうち 7 箇所に必要。 ×4. 予防規程は、所有者等が定めるように規定されている。

[3] 答 **4** p6 参照。 ○4. 除し → 割ること（÷）。値の和 → ＡＢＣの答えを全部プラスすること。

[4] 答 **4** p8 ～ 9 参照。**保安距離は、製造・一般・屋内・屋外・屋外タンクに必要である。** 一般は一般取扱所である。この場合 A、C、D 項には保安距離が必要で、B、E 項には必要ない。

[5] 答 **4** p10 参照。 ○4. 第 5 種の消火設備のうち、乾燥砂と小型消火器は必ず覚えよう！

[6] 答 **3** p22 参照。 防油堤の容量は、2 つ以上のタンクがある場合は最大タンクの 110%（1.1 倍）以上と定められている。 550kL×110%（1.1 倍）＝550kL

[7] 答 **2** p30 参照。【A：市町村長】【B：都道府県知事】【C：完成検査】

[8] 答 **5** p34 ～ 36 参照。 免状関連等を確認してください。

[9] 答 **5** p37 参照。 ○5. 定期点検は、指定数量に関係なく移動タンク貯蔵所（タンクローリー）と地下タンク貯蔵所には必要。これら 2 つの施設は、漏れがあると大きな事故に結びつくおそれがあるので厳しく定められている。

[10] 答 **5** p48 ～ 55 参照。 ×1. 危険物保安監督者には、甲種と乙種がなることができる。 ×2. 危険物施設保安員に資格は必要ない。 ×3. 丙種は、危険物取扱作業の立ち会いはできない。 ×4. 危険物取扱者のうち、危険物の取扱作業に就いている者が受講する。

[11] 答 **2** p50 参照。 ○2. 取扱作業に従事していない危険物取扱者は、受講義務なし。

[12] 答 **5** p51 参照。 **12 ある危険物施設で、移動タンク貯蔵所のみ定めなくてよい。**

[13] 答 **1** p55 ～ 56 参照。2. ～ 4. のような規定はない。

[14] 答 **1** p57 ～ 59 参照。

[15] 答 **1** p60 ～ 61 参照。

基礎的な物理学・化学

[16] 答 5　p76 ～ 78 参照。【A ＝熱】【B ＝光】【C ＝酸化反応】

[17] 答 1　p79 ～ 80 参照。○1. ガソリン等の液体は、液表面から発生する蒸気が空気と混合して燃焼する。

[18] 答 4　p83 ～ 84 参照。　○4. 引火点の定義 1 についての出題が多い。

[19] 答 4　p85 ～ 88 参照。【A ＝ 21vol%】【B ＝窒息消火】【C ＝ 14vol%】

[20] 答 2　1. 分解温度、3. 発火点、5. 燃焼範囲は、わからない。　○2. 液温が 115℃で一定となり、すべて気化してしまった。→ 沸点の定義であり水が 100℃で沸騰する現象と同じ。　×4. 融点は－50℃ではなく、液体になり始めた－42℃である。

[21] 答 3　p100 ～ 102 参照。【A ＝不導体】【B ＝遅く】【C ＝導体】静電気は、物理だけではなく性質にも多く出るので確実に覚えよう！

[22] 答 4　p107 図 2 参照。　熱量の計算式を使う。

熱量（ J ）＝質量（ g ）×比熱×温度差（℃）　➡この式に数値を代入する。

熱量 J ＝200g×2.5×（30－10）℃＝200×2.5×20

　　　　＝200×50＝10,000J

J から kJ への換算は、1,000 m は 1km なので、10,000J を 1,000 で割ればよい。

10,000J÷1,000＝**10kJ**

[23] 答 3　メタン（CH_4）が完全燃焼したときの熱化学方程式の読み方。

　CH_4（気）＋$2O_2$（気）＝CO_2（気）＋$2H_2O$（液）＋891kJ

×1. メタン 1mol に対し、酸素 2mol が反応する。＝を境にして左側が反応物。

×2. メタン 1mol に対し、水 2mol が生成する。＝を境にして右側が生成物。

○3. メタンが完全燃焼したときの反応生成物は、二酸化炭素と水のみである。

×4. 化学反応式では同じ種類の原子の数は、反応の前後で同じである。

×5. メタン 1mol が完全燃焼するとき、891kJ の熱が発生する。

[24] 答 3　p113 ～ 114 参照。　○3. アルカリ性のコンクリート中では、腐食は防止される。　×5. この場合は銅ではなく、イオン化傾向の大きい鉄の腐食が速くなる。

[25] 答 5　p116 ～ 117 参照。　×5. 同一反応内において、酸化と還元は同時に起こるので誤まっている。

性質・火災予防・消火の方法

[26] 答 **1**　p2、p128～129参照。×1. 危険物は、液体及び固体のみで**気体はない**。

[27] 答 **3**　p130～131参照。【A＝液体】【B＝小さい】【C＝不導体】
注意　静電気 p100～102参照。

[28] 答 **2**　p132～133参照。**家庭用の灯油を想像してみよう。**灯油は家庭で日光の当たらない冷所に貯蔵してあれば、「3. 常温で分解、発熱する」「4. 直射日光で過酸化物を生成する」「5. 空気中の湿気を吸収して爆発する」などは起こらない。もし起これば、冬季に石油ストーブを使っている家庭で、毎日火災が起こるはずである。　×1. 第4類の危険物の蒸気比重は、全部1以上で空気より重い。　○2. 灯油は非水溶性液体なので、流動等により静電気が発生しやすい。
注意　静電気 p100～102参照。

[29] 答 **4**　p134～135参照。　×4. 地下専用タンクの計量口は、漏れることがないように注入中は閉鎖することが正しい操作である。他の項はすべて正しい。

[30] 答 **4**　p136～137参照。　×4. メタノールは水溶性液体なので、水溶性液体用以外の泡消火剤では、メタノールに泡が溶けて消えてしまうので効果がない。
注意　消火の基礎知識等 p85～88参照。

[31] 答 **4**　p146～147参照。×2. 二硫化炭素の発火点は90℃で、第4類では一番低い。

[32] 答 **3**　p148～149参照。　×1. オレンジ色の着色は、ガソリンのみ。　×2. 灯油、軽油はともに石油製品。　○3. ×4. ともに第2石油類に属する。　×5. ともに液温が引火点以上でないと引火しない。

[33] 答 **2**　p150参照。　×2. 重油はA、B、C重油ともに比重は水より軽い。

[34] 答 **3**　p152～153参照。　×3. ジエチルエーテルの引火点は－45℃なので、それより高い常温（20℃）では、可燃性蒸気の量が多く（濃度は高い）なり、引火する。

[35] 答 **3**　p154～155参照。　×3. ベンゼンは非水溶性液体なので、水に溶けない。　○5. ベンゼンは、アルコール類等の有機溶媒によく溶ける。
注意　「無色透明の液体」と出題された場合の解き方（試験に出る範囲内）
下記は、ベンゼンを含めたすべての危険物の性状として適用できます。

➡「無色透明」とあれば、すべて「正しい○」

➡「無色で、芳香、果実臭、刺激臭」など具体的な臭いとあれば、すべて「正しい○」

➡「無色無臭」とあれば、すべて「誤り×」。無臭の危険物はほとんど無い。

【1】法令上、次の文の【　】内に当てはまる語句で、正しいものはどれか。

「特殊引火物とは、ジエチルエーテル、二硫化炭素その他1気圧において、発火点が100℃以下のもの又は【　】のものをいう。」

1．引火点が−40℃以下
2．引火点が−40℃以下で沸点が40℃以下
3．引火点が−20℃以下
4．引火点が−20℃以下で沸点が40℃以下
5．沸点が40℃以下

【2】法令上、貯蔵所の区分において、屋外貯蔵所で貯蔵できる危険物の組合せで、次のうち正しいものはどれか。

1．炭化カルシウム　　　灯油　　　　　　　鉄粉
2．硫黄　　　　　　　　軽油　　　　　　　重油
3．アセトン　　　　　　ギヤー油　　　　　エタノール
4．黄りん　　　　　　　カリウム　　　　　シリンダー油
5．過酸化水素　　　　　クレオソート油　　赤りん

【3】法令上、次の危険物を同一場所で貯蔵する場合、指定数量の倍数が最も大きくなる組合せはどれか。

1．ガソリン　200L　　軽油　　500L
2．軽　油　1,000L　　重油　1,000L
3．灯　油　　500L　　重油　2,000L
4．ガソリン　100L　　重油　3,000L
5．ガソリン　　50L　　灯油　　800L

危険物に関する法令

[4] 製造所の位置は、学校、病院等の建築物等から、当該製造所の外壁又はこれに相当する工作物の外側の間に、それぞれ定められた距離を保たなければならないが、製造所と対象となる建築物等までの距離の組合せとして、次のうち法令に適合していないものはどれか。ただし、当該建築物等の間に防火上有効な塀はないものとする。

	建築物等	保安距離
1	使用電圧 66,000V の特別高圧架空電線	5m（水平距離）
2	住居（当該製造所の敷地外にあるもの）	15m
3	高圧ガス施設（高圧ガス保安法により都道府県知事の許可を受けた貯蔵所）	25m
4	重要文化財と指定された建造物	40m
5	幼稚園	30m

[5] 法令上、製造所等に設置する消火設備について、次のうち誤っているものはどれか。

1．泡消火設備は、第2種の消火設備に該当する。

2．ハロゲン化物消火設備は、第3種消火設備に該当する。

3．消火粉末を放射する大型の消火器は、第4種の消火設備に該当する。

4．電気設備に対する消火設備は、電気設備のある場所の面積100m² ごとに消火設備を1個以上設ける。

5．地下タンク貯蔵所には、第5種の消火設備を2個以上設ける。

[6] 法令上、次の下線を付した【A】〜【E】の記述について、誤っている箇所はどれか。

「製造所、貯蔵所又は取扱所の位置、構造又は設備を変更する場合において、当該製造所、貯蔵所又は取扱所のうち、当該変更の【A】工事に係る部分以外の【B】全部又は一部について、【C】消防長又は消防署長の承認を受けたときは、変更の工事の【D】完成検査を受ける前においても、【E】当該承認を受けた部分を仮に使用することができる。」

1．A　　2．B　　3．C　　4．D　　5．E

[7] 法令上、販売取扱所の区分並びに位置、構造及び設備の技術上の基準について、次のうち誤っているものはどれか。

1. 販売取扱所は、指定数量の倍数が 15 以下の第 1 種販売取扱所と、指定数量の倍数が 15 を超え 40 以下の第 2 種販売取扱所に区分される。
2. 第 1 種販売取扱所は、建築物の 2 階に設置することができる。
3. 第 1 種販売取扱所には、見やすい箇所に第 1 種販売取扱所である旨を表示した標識及び、防火に関し必要な事項を掲示した掲示板を設けなければならない。
4. 危険物を配合する室の床は、危険物が浸透しない構造とするとともに、適当な傾斜をつけ、かつ、貯留設備を設けなければならない。
5. 建築物の第 2 種販売取扱所の用に供する部分には、当該部分のうち延焼のおそれのない部分に限り窓を設けることができる。

[8] 法令上、製造所等における法令違反と、それに対して市町村長等から受ける命令等として、次の組合せのうち誤っているものはどれか。

	該当事項	命令
1	製造所等の位置、構造及び設備が、技術上の基準に適合していないとき	製造所等の修理、改造又は移転命令
2	製造所等における危険物の貯蔵又は取扱いの方法が、技術上の基準に違反しているとき	危険物の貯蔵、取扱基準遵守命令
3	製造所等において危険物の流出その他の事故が発生したときに、所有者等が応急措置を講じていないとき	危険物施設の応急措置実施命令
4	公共の安全の維持又は災害発生の防止のため、緊急の必要があるとき	製造所等の一時使用停止又は使用制限命令
5	危険物保安監督者が、その責務を怠っているとき	危険物取扱作業の保安に関する講習の受講命令

危険物に関する法令

[9] 法令上、定期点検を義務づけられていない製造所等は、次のうちどれか。

1. 移動タンク貯蔵所
2. 地下タンクを有する製造所
3. 地下タンク貯蔵所
4. 簡易タンク貯蔵所
5. 地下タンクを有する給油取扱所

[10] 法令上、危険物取扱者免状の書換え又は再交付について、次のうち正しいものはどれか。

1. 再交付は、すべての都道府県知事が行うことができる。
2. 書換えは、当該免状を交付した都道府県知事、又は居住地若しくは勤務地を管轄する都道府県知事に申請しなければならない。
3. 亡失により免状の再交付を受けたが、亡失した免状を発見したときは、再発行された免状を速やかに処分しなければならない。
4. 住所に変更があったときは、本籍地に変更がなくとも書換えをしなければならない。
5. 氏名が変わったときは、再交付の申請をしなければならない。

[11] 法令上、製造所等において、危険物の取扱作業に従事する危険物取扱者が受けなければならない危険物の取扱作業の保安に関する講習(以下「講習」という。)の受講時期について、次のうち正しいものはどれか。

1. 法に基づく命令を受けた場合は、講習を必ず受けなければならない。
2. 1年に1回、必ず講習を受けなければならない。
3. 危険物の取扱作業に従事することとなった日前2年以内に免状の交付を受けている場合は、免状の交付を受けた日以後における最初の4月1日から3年以内に講習を受けなくてはならない。
4. 講習を受けた日以後における最初の4月1日から2年以内に講習を受けなければならない。
5. 講習を受けた日以後における最初の誕生日から5年以内に講習を受けなければならない。

[12] 法令上、危険物施設保安員について、次のうち正しいものはどれか。

1. 指定数量の倍数が100の屋内貯蔵所には、危険物施設保安員を定めなければならない。

2. 危険物施設保安員は、甲種又は乙種危険物取扱者でなければならない。

3. 製造所等の所有者等は、危険物施設保安員を定めたときは、遅滞なくその旨を市長村長等に届け出なければならない。

4. 危険物施設保安員は、製造所等の構造及び設備に係わる保安のための業務を行う。

5. 危険物施設保安員は、危険物保安監督者が旅行、疾病その他事故によってその業務を行うことができない場合は、その業務を代行しなければならない。

[13] 法令上、危険物取扱者が免状を携帯しなければならない場合は、次のうちどれか。

1. 製造所等で、危険物取扱者でない者の危険物の取扱いの立ち会いをしているとき。

2. 危険物を移送するため、移動タンク貯蔵所に乗車しているとき。

3. 製造所等で、定期点検を実施しているとき。

4. 給油取扱所で、自動車等の給油作業に従事しているとき。

5. 指定数量以上の危険物を車両で運搬しているとき。

[14] 法令上、危険物を車両で運搬する場合について、次のうち正しいものはどれか。

1. 危険物の運搬は、危険物取扱者が行わなければならない。

2. 危険物を混載して運搬することは、一切禁止されている。

3. 指定数量以上の危険物を運搬する場合は、当該危険物に適応する消火設備を備え付けなければならない。

4. 運搬する容器の構造等についての基準があるが、積載方法についての基準はない。

5. 指定数量以上の危険物を運搬する場合は、市町村長等の許可を受けなければならない。

[15] 法令上、危険物の貯蔵及び取扱いの技術上の基準について、次のうち誤っているものはどれか。

1. 危険物のくず、かす等は、1日に1回以上当該危険物の性質に応じて安全な場所で廃棄その他適切な処置をしなければならない。

2. 危険物が残存している設備、機械器具、容器などを修理する際は、安全な場所において、危険物を完全に除去した後に行わなければならない。

3. 危険物を貯蔵し又は取扱う場合は、当該危険物が漏れ、あふれ又は飛散しないように必要な措置を講じなければならない。

4. 可燃性蒸気が滞留するおそれのある場所で、火花を発する機械器具、工具等を使用する場合は、注意して行わなければならない。

5. 危険物を貯蔵し又は取り扱っている建築物においては、当該危険物の性質に応じた有効な遮光又は換気を行わなければならない。

[16] 燃焼の3要素で、可燃物または酸素供給源に該当しないものは、次のうちどれか。

1．過酸化水素　　2．窒素　　3．水素　　4．メタン　　5．一酸化炭素

[17] 燃焼に関する説明として、次のうち誤っているものはどれか。

1．ニトロセルロースは、分子内に酸素を含有し、その酸素が燃焼に使われる。これを内部（自己）燃焼という。

2．木炭は、熱分解や気化することなく、そのまま高温状態となって燃焼する。これを表面燃焼という。

3．硫黄は、融点が発火点より低いため、融解し、さらに蒸発して燃焼する。これを分解燃焼という。

4．石炭は、熱分解によって生じた可燃性ガスが燃焼する。これを分解燃焼という。

5．エタノールは、液面から発生した蒸気が燃焼する。これを蒸発燃焼という。

[18] 次の文から、引火点及び燃焼範囲の下限値の数値として考えられる組合せはどれか。

「ある引火性液体は、液温30℃で液面付近に濃度9vol%の可燃性蒸気を発生した。この状態でマッチの火を近づけたところ引火した。」

〈引火点〉　〈燃焼範囲の下限値〉

1．　10℃　　　　11vol%
2．　15℃　　　　4vol%
3．　20℃　　　　10vol%
4．　35℃　　　　8vol%
5．　40℃　　　　6vol%

[19] 消火剤と消火に関する説明として、次のうち誤っているものはどれか。

1. 二酸化炭素は安定した不燃性ガスであり、また空気より重い。

2. 強化液には、冷却効果や再燃防止効果がある。

3. ハロゲン化物は、その中に含まれているハロゲンが燃焼を抑制する効果がある。

4. リン酸塩類を主成分とする消火粉末は、防炎性をもち、木材等の火災にのみ適応する。

5. 泡は、石油類の火災の消火に適している。

[20] 動植物油の自然発火について、次の文の【A】～【E】で誤っている箇所はどれか。

「動植物油の自然発火は、油が空気中で酸化され、この反応で発生した熱が蓄積されて【A】発火点に達すると起こる。自然発火は一般に乾きやすい油ほど【B】起こりやすく、この乾きやすさを油脂【C】100g が吸収するヨウ素のグラム数で表したものをヨウ素価といい、不飽和脂肪酸が多いほど【D】ヨウ素価が小さく、ヨウ素価の大きい油ほど【E】自然発火しやすくなる。」

1.【A】　　2.【B】　　3.【C】　　4.【D】　　5.【E】

[21] 静電気について、次のうち誤っているものはどれか。

1. 静電気は人体にも帯電する。

2. 静電気は電気の不導体に帯電しやすい。

3. 静電気は固体だけでなく、液体にも帯電する。

4. 物質に静電気が蓄積すると電気分解作用が起こり、引火しやすくなる。

5. 一般に合成繊維の衣服は、木綿のものより静電気が発生しやすい。

基礎的な物理学・化学

[22] 沸点と蒸気圧について、次のうち正しいものはどれか。

1. 純溶媒に不揮発性物質を溶かすと、蒸気圧は純溶媒より高くなる。

2. 液体の温度が高くなると、蒸気圧は低くなる。

3. 圧力が低くなると、液体の沸点は高くなる。

4. 沸点とは、液体の飽和蒸気圧が外気の圧力に等しくなり、沸騰が起こる温度である。

5. 純溶媒と純溶媒に不揮発性物質を溶かした溶液の蒸気圧の差は、溶質の分子、イオンの質量モル濃度に反比例する。

[23] 次に示す物質のうち、混合物であるものはどれか。

1. 酸素　　2. 酸化アルミニウム　　3. 海水　　4. 硫酸マグネシウム

5. メタノール

[24] 有機化合物の一般的性状について、次のA～Dのうち、正しいものを組み合わせたものはどれか。

　　A. 水に溶けにくいものが多い。

　　B. 無機化合物より融点、沸点が高い。

　　C. 成分元素は、炭素、窒素、酸素、水素、塩素、硫黄、リンなどである。

　　D. 完全燃焼すると、二酸化炭素と水などを生成する。

1. AB　　2. ABC　　3. ABD　　4. ACD　　5. BCD

[25] 次に示す水素イオン指数について、酸性で、かつ、中性に最も近いものはどれか。

1. pH2.0　　2. pH5.1　　3. pH6.8　　4. pH7.1　　5. pH11.3

性質・火災予防・消火の方法

[26] 次の性状を示す危険物の類別として、正しいものはどれか。

「この類の危険物は多くは不燃性で、無色または白色の固体である。分子中に酸素を含んでおり、加熱、衝撃、摩擦などにより、周囲の可燃物の燃焼を促進する。」

1．第1類危険物　　2．第2類危険物　　3．第3類危険物

4．第5類危険物　　5．第6類危険物

[27] 第4類の危険物の一般性状について、次のうち誤っているものはどれか。

1．すべて可燃性である。

2．蒸気の比重は1より大きい。

3．20℃で液体でも、10℃で固体のものも存在する。

4．20℃で点火源があれば、すべて引火する。

5．発火点が100℃以下のものがある。

[28] 第4類危険物の火災予防の方法で、次のうち誤っているものはどれか。

1．室内で取り扱う場合は、蒸気が軽いので低所より高所の換気を十分に行う。

2．みだりに火気を近づけない。

3．貯蔵場所は通風換気をよくする。

4．容器は直射日光を避けて貯蔵する。

5．可燃性蒸気の滞留するおそれのある場所での電気設備は、防爆構造とする。

[29] 次の事故事例を教訓とした今後の対策として、次のうち妥当でないものはどれか。

「危険物を運搬していたトラックが急停車したため、積載していた金属製ドラムが転倒して一緒に積んでいた鋼材にぶつかり、金属製ドラムの下部に亀裂が生じて危険物が漏洩した」

1. 金属製ドラムのすきまに緩衝材料をはさみ、かつ、荷台上で滑動することがないように固定する。
2. 運搬材料を破損させるおそれのある物品を同時に積載しない。
3. 金属製ドラムは、転倒防止のために横積にして積載する。
4. 運転手は道路、交通状況に応じた安全運転を励行し、車両のハンドル、ブレーキ等の確実な操作を行う。
5. 運搬する危険物の性質及び流出等の事故が発生した場合の応急措置をよく知っておく。

[30] 第4類危険物の火災における消火方法について、次のうち誤っているものはどれか。

1. 棒状の強化液を放射する消火器を使用した。
2. ハロゲン化物を放射する消火器を使用した。
3. 霧状の強化液を放射する消火器を使用した。
4. 泡を放射する消火器を使用した。
5. 二酸化炭素を放射する消火器を使用した。

[31] 自動車ガソリンの性状について、次のうち妥当なものはどれか。

1. メタンなどの天然ガスが、水に溶け込んだものである。
2. 特有な臭いは、付臭剤によるものである 。
3. 発火点は200℃未満である。
4. 燃焼範囲は、おおむね1〜8vol%である。
5. 蒸気比重は、1〜2である。

性質・火災予防・消火の方法

[32] アクリル酸の貯蔵・保管方法について、次のうち誤っているものはどれか。

1. 容器は密閉し、換気のよいところに保管する。
2. 容器はステンレス鋼または内面をポリエチレンでライニングしたものを用いる。
3. 融点はおよそ14℃と高いことを利用して、通常は凍結して保管する。
4. 皮膚に接触すると壊死するおそれがあるので、防護具を使用して取り扱う。
5. 光、熱、過酸化物、鉄さびなどにより重合が加速するので、重合防止剤等を加えて保管する。

[33] 重油の性状について、次のうち誤っているものはどれか。

1. 一般に褐色または暗褐色の粘性のある液体である。
2. 種々の炭化水素の混合物である。
3. 発火点は70～150℃である。
4. 数種類に分類されていて、それぞれ引火点が異なる。
5. 不純物として含まれている硫黄が燃焼すると、亜硫酸ガスになる。

[34] メタノールの性状について、次のうち誤っている組合せはどれか。

A. 常温（20℃）では、無色透明の液体である。
B. ナトリウムと反応して酸素を発生する。
C. 燃焼範囲はガソリンより狭い。
D. 燃焼しても炎の色が淡く、気づきにくい。
E. 酸化剤と混合すると、発火・爆発を起こすことがある。

1. AB   2. AE   3. BC   4. CD   5. DE

[35] トルエンの性状について、次のうち妥当でないものはどれか。

1. 芳香族特有の香りを持つ無色透明の液体である。
2. エタノールには溶けるが、水には溶けない。
3. 引火点は20℃以上である。
4. 蒸気は空気より重い。
5. 濃硝酸と反応して、トリニトロトルエンを生成することがある。

危険物に関する法令

[1] 答 **4**　○4. 特殊引火物の定義等はよく出るので、**数値を覚えておこう！**

[2] 答 **2**　屋外貯蔵所に貯蔵できる危険物は、**第2類**では「硫黄、引火点0℃以上の引火性固体」、**第4類**では「第1石油類で引火点0℃以上のもの、アルコール類、第2石油類、第3石油類、第4石油類、動植物油類」等です。

[3] 答 **4**　○4. ガソリン100L÷200L=<u>0.5</u>　　重油3,000L÷2,000L=<u>1.5</u>　　計2.0
×1. は1.5　×2. は1.5　×3. は1.5　○4. は2.0　×5. は1.05 となり、4. が最大である。

[4] 答 **4**　×4. 重要文化財の建造物は、保安距離が<u>40 mではなく50 m以上必要</u>である。

[5] 答 **1**　×1. 泡消火設備は第3種である。　第2種は、スプリンクラー設備である。

[6] 答 **3**　この問題は「仮使用」の問題であり、×【C】項は市町村長等が正しい。

[7] 答 **2**　×2. 販売取扱所の店舗は、建築物の1階に設置すると定められている。

[8] 答 **5**　×5. 危険物保安監督者が、その責務を怠っているとき → **危険物保安監督者の解任命令を受ける。** 他は全部法令にこのとおり定められている。

[9] 答 **4**　×4. 簡易タンク貯蔵所は、定期点検をしなくてよい。

[10] 答 **2**　○2. 書換えは、このとおり定められており<u>試験によく出るので覚えよう！</u>

[11] 答 **3**　○3. 保安講習に関する基本的な文章の1つなので、<u>確実に覚えよう！</u>

[12] 答 **4**　×1. 選任が必要なのは、製造所、一般取扱所、移送取扱所。　×2. 資格は必要ない。　×3. 届け出る必要はない。　○4.　×5. 危険物保安監督者の代行はできない。

[13] 答 **2**　○2. 免状の携帯は、危険物の移送のため移動タンク貯蔵所に乗車時のみ必要。

[14] 答 **3**　×1. 危険物の運搬は、危険物取扱者でなくても OK。　**×2. <u>第4類と第2類等の混載は、法令に定められており OK。</u>**　○3. 指定数量以上の危険物の運搬には、消火設備の備え付けと「危」の標識を掲げるように定められている。

[15] 答 **4**　×4. 可燃性蒸気が滞留するおそれのある場所では、**危険なので火花を発する機械器具、工具等は使用できない。**

基礎的な物理学・化学

[16] **答 2** 2. 窒素 1. 過酸化水素は酸素供給源 3. ～ 5. は可燃物である。

[17] **答 3** ×3. 硫黄は固体であるが、第4類の液体と同じように蒸発燃焼する。

[18] **答 2** 液温30℃で濃度9vol%の蒸気はマッチで引火したので、求める引火点と燃焼範囲の下限値は、この数値より必ず低いはずである。よって、1～5の30℃と9vol%以下に○印をして、両方に○印が付いた2. が答となる。

[19] **答 4** ×4. リン酸塩類を主成分とする消火粉末は、木材等【普通火災】、ガソリン等【油火災】、電動機（モーター）等【電気火災】すべての火災に使用できる。

[20] **答 4** 不飽和脂肪酸が多いほど×【D】ヨウ素価が小さく、ではなく大きく、が正しい。

[21] **答 4** ×4. 静電気で電気分解作用が起こり、引火しやすくなることはない。

[22] **答 4** ×2. 液温が高くなると、蒸気圧も高くなる。 ×3. 圧力が低くなると、沸点も低くなる。 ○4. 沸点の定義であり正しい。

[23] **答 3** ガソリン・灯油・重油等の石油製品、空気、海水・食塩水等は、試験で頻出の混合物である。

[24] **答 4** ×B. 有機化合物は一般に液体であり、無機化合物より融点、沸点が低いものが多い。

[25] **答 3** 水素イオン指数で、中性はpH7、酸性はpH7未満である。酸性で、かつ、中性に最も近いのは3. のpH6.8である。

性質・火災予防・消火の方法

[26] 答 **1** 不燃性（燃えない危険物）で、固体は第1類、液体は第6類である。

[27] 答 **4** ○3.酢酸は融点が16.7℃なので、20℃では液体であり、10℃は固体となる。 ×4.引火点が20℃以下の物品であればすべて引火する。しかし、引火点が40℃の灯油は、20℃では発生する蒸気量が少ないので、点火源があっても引火しない。

[28] 答 **1** ×1.第4類危険物の蒸気（蒸気比重）は全部1以上で空気より重いので、低所の換気が必要。

[29] 答 **3** ×3.危険物を容器に入れての運搬は、収納口を上方に向けて積載するように定められている。横積みはダメ。

[30] 答 **1** ×1.棒状の強化液消火剤は燃えている危険物を飛散させたり、危険物の下面に入り込み燃焼を拡大させるおそれがあるので、第4類の火災には使用できない。

[31] 答 **4** ×1.ガソリンの主成分は、原油を蒸留して製造される。また、メタンは含まれていない。 ×3.発火点は約300℃である。 ○4.燃焼範囲は1.4〜7.6vol%であるが、最近はおおむね1〜8vol%で表示される場合が多い。 ×5.蒸気比重は3〜4である。

[32] 答 **3** ×3.アクリル酸の凍結保管は、使用時に取り扱い方を誤ると、重合が進み発火・爆発の危険性が増大するので行ってはならない。

[33] 答 **3** ×3.70〜150℃は、重油の発火点ではなく引火点である。

[34] 答 **3** ×B.メタノールは、ナトリウムと反応して酸素ではなく水素を発生する。 ×C.アルコール類の燃焼範囲は、ガソリン等の石油製品より広い。

[35] 答 **3** ×3.トルエンの引火点は、4℃である。

[1] 法令上、危険物に関する説明について、次のうち正しいものはどれか。

1. 危険物は、1気圧20℃において液体または気体である。
2. 危険物は、火災危険だけでなく、人体に対する毒性危険を判断するための試験によって判定される。
3. 指定数量とは、その危険性を勘案して政令で定める数量をいう。
4. 危険物とは、法別表第一の品名欄に掲げる物品の他に、市町村条例に定められている物品もある。
5. 難燃性の合成樹脂製品は、危険物に該当する。

[2] 法令上、10日以内の制限があるもは、次のうちどれか。

1. 所轄消防署長の承認を受け、指定数量以上の危険物を製造所等以外の場所で仮に貯蔵し、又は取り扱うことができる期間。
2. 都道府県知事から免状の返納命令を受け、返納するまでの期間。
3. 製造所等の変更工事中に、市町村長等の承認を受け、当該製造所等の変更工事に係る部分以外の部分を仮に使用できる期間。
4. 免状を亡失した日から、都道府県知事に再交付の申請をするまでの期間。
5. 予防規程を定めた日から、市町村長等に対し、認可の申請をするまでの期間。

[3] 法令上、同一の貯蔵所に次の危険物を貯蔵した場合、指定数量以上となる組合せとして、正しいものはどれか。

1. 特殊引火物　20L　　　　　　　　　　アルコール類　200L
2. 第1石油類（水溶性液体）　200L　　　第2石油類（非水溶性液体）　400L
3. 特殊引火物　30L　　　　　　　　　　第1石油類（非水溶性液体）　100L
4. 第1石油類（水溶性液体）　200L　　　第2石油類（水溶性液体）　400L
5. 第2石油類（水溶性液体）　1,000L　　第3石油類（水溶性液体）　1,000L

[4] 製造所の周囲には、一定の幅の空地を保有しなければならないが、空地の幅について、次の組合せのうち法令に定められているものはどれか。ただし基準の特例が適用されるものは除く。

	指定数量の倍数が10以下の製造所	指定数量の倍数が10を超える製造所
1	1m以上	3m以上
2	3m以上	5m以上
3	5m以上	7m以上
4	7m以上	9m以上
5	9m以上	11m以上

[5] 法令上、製造所等に設置する消火設備の区分について、次のうち第4種消火設備に該当するものはどれか。

1．屋内消火栓設備　　2．スプリンクラー設備　　3．泡消火設備

4．消火粉末を放射する大型の消火器　　5．ハロゲン化物を放射する小型消火器

[6] 法令上、貯蔵し、又は取り扱う数量若しくは指定数量の倍数の上限に規定がない製造所等はどれか。

1．屋内タンク貯蔵所　　2．地下タンク貯蔵所　　3．簡易タンク貯蔵所

4．移動タンク貯蔵所　　5．第1種販売取扱所

[7] 法令上、製造所等の所有者等があらかじめ市町村長等に届出をしなければならないのは、次のうちどれか。

1．製造所等の譲渡又は引渡しを受ける場合。

2．製造所等の位置、構造又は設備を変更しないで、製造所等で貯蔵し、又は取り扱う危険物の品名、数量を変更する場合。

3．製造所等の用途を廃止する場合。

4．危険物保安監督者を定めなければならない製造所等において、危険物保安監督者を定める場合。

5．危険物施設保安員を定めなければならない製造所等において、危険物施設保安員を定める場合。

[8] 法令上、市町村長等が製造所等の許可の取り消しを命ずることができる事由に該当しないものは、次のうちどれか。

1. 完成検査又は仮使用の承認を受けないで製造所等を使用したとき。

2. 製造所等の位置、構造又は設備に係る修理、改造の命令に違反したとき。

3. 変更の許可を受けないで、製造所の位置、構造又は設備を変更したとき。

4. 製造所等の定期点検に関する規定に違反したとき。

5. 危険物保安監督者を定めなければならない製造所等で、危険物保安監督者を定めていないとき。

[9] 法令上、製造所等の定期点検の実施者について、次のうち誤っているものはどれか。ただし、規則に定める漏れの点検及び固定式泡消火設備の点検に関するものについては除く。

1. 当該製造所等で、危険物を取り扱っている危険物施設保安員。

2. 免状の交付を受けていない所有者。

3. 甲種危険物取扱者の立会いを受けた、免状の交付を受けていない者。

4. 当該製造所等で、危険物を取り扱っている乙種危険物取扱者の立会いを受けた、免状の交付を受けていない者。

5. 当該製造所等で、危険物を取り扱っている丙種危険物取扱者の立会いを受けた、免状の交付を受けていない者。

[10] 法令上、免状の交付を受けている者が、免状を亡失し、滅失し、汚損し又は破損した場合の再交付の申請について、次のうち誤っているものはどれか。

1. 免状を交付した都道府県知事に申請することができる。

2. 免状の書換えをした都道府県知事に申請することができる。

3. 居住地を管轄する都道府県知事に申請することができる。

4. 免状を亡失してその再交付を受けた者は、亡失した免状を発見した場合は、これを10日以内に免状の再交付を受けた都道府県知事に提出しなければならない。

5. 破損により免状の再交付を申請する場合は、当該免状を添えて申請しなければならない。

[11] 法令上、危険物の取扱作業の保安に関する講習について、次の文の【 】内に当てはまる語句として、正しいものはどれか。ただし、5年前に免状の交付を受けたが、これまでに危険物の取扱作業に従事しておらず、この間に一度も講習を受講していない者とする。

「製造所等において危険物の取扱作業に従事する危険物取扱者は、当該作業に従事することとなった日【 】に、講習を受けなければならない。」

1. の前まで
2. 以後の最初の誕生日まで
3. から1年以内
4. 以後の最初の4月1日から1年以内
5. 以後の最初の1月1日から1年以内

[12] 法令上、危険物保安監督者を選任する必要のある製造所等で、危険物保安監督者の指定について、次のうち誤っているものはどれか。

1. 第5類の危険物を取り扱う製造所等での実務経験1年の危険物取扱者(第5類)を、第5類の危険物を取り扱う施設の危険物保安監督者に指定する。
2. 第4類の危険物を取り扱う製造所等での実務経験2年の者が、免状(第4類)の交付を受けたので、第4類の危険物を取り扱う施設の危険物保安監督者に指定する。
3. 丙種危険物取扱者は、製造所等での実務経験が5年あっても危険物保安監督者に指定できない。
4. 第4類の危険物を取り扱う製造所等での実務経験4か月の者が、免状(第4類)の交付を受けた。引き続き、2か月同類の実務経験を経たので、第4類の危険物を取り扱う施設の危険物保安監督者に指定する。
5. 第4類の危険物を取り扱う製造所等での実務経験4か月の甲種危険物取扱者を、第3類の危険物を取り扱う施設の危険物保安監督者に指定する。

危険物に関する法令

[13] 法令上の用語で、次のうち誤っているものはどれか。

1. 顧客用固定給油設備……顧客に自ら自動車等に給油させるための固定給油設備をいう。

2. 顧客用固定注油設備……顧客に自ら灯油又は軽油を容器に注油させるための固定注油設備をいう。

3. 準特定屋外タンク貯蔵所……屋外タンク貯蔵所で、その貯蔵し、又は取り扱う液体の危険物の最大数量が 500kL 以上〜 1,000kL 未満のものをいう。

4. 特定屋外タンク貯蔵所……屋外タンク貯蔵所で、その貯蔵し、又は取り扱う液体の危険物の最大数量が 1,000kL 以上のものいう。

5. 高引火点危険物……引火点が 130℃以上の第 4 類の危険物をいう。

[14] 法令上、指定数量の 10 分の 1 を超える数量の危険物を車両で運搬する場合、混載が禁止されているものは、次のうちどれか。

1. 第 1 類の危険物と第 4 類の危険物

2. 第 2 類の危険物と第 4 類の危険物

3. 第 2 類の危険物と第 5 類の危険物

4. 第 3 類の危険物と第 4 類の危険物

5. 第 4 類の危険物と第 5 類の危険物

[15] 法令上、危険物の貯蔵の技術上の基準について、次のうち誤っているものはどれか。

1. 屋外貯蔵タンクに設けられている防油堤の水抜口は、通常は閉鎖しておかなければならない。

2. 屋内貯蔵タンクの元弁は、危険物を入れ、又は出すとき以外は閉鎖しておかなければならない。

3. 地下貯蔵タンクの計量口は、計量するとき以外は閉鎖しておかなければならない。

4. 簡易貯蔵タンクの通気管は、危険物を入れ、又は出すとき以外は閉鎖しておかなければならない。

5. 移動貯蔵タンクの底弁は、使用時以外は完全に閉鎖しておかなければならない。

[16] 常温（20℃）、常圧（1.013 × 10⁵Pa）において、二酸化炭素が燃えない理由として、次のうち正しいものはどれか。
 1. 酸素と結合するが、吸熱反応であるから。
 2. 酸化反応を起こすが、燃焼が継続しないから。
 3. 酸化反応を起こすが、発熱量が小さいから。
 4. 二酸化炭素の熱伝導率が大きいから。
 5. 酸素と結合しないから。

[17] 燃焼の難易に直接関係のないものは、次のうちどれか。
 1. 体膨張率　　2. 空気との接触面積　　3. 含水量　　4. 熱伝導率
 5. 発熱量

[18] 次の文の【 】内のA～Dに該当する語句の組合せとして、正しいものはどれか。
 「二酸化炭素は、炭素又は【A】の【B】燃焼の他、生物の呼吸や糖類の発酵によっても生成する。二酸化炭素は、空気より【C】気体で、水に少し溶け、弱い【D】性を示す。」

	A	B	C	D
1	無機化合物	不完全	重　い	アルカリ
2	炭素化合物	完　全	重　い	酸
3	酸素化合物	不完全	軽　い	アルカリ
4	無機化合物	完　全	軽　い	酸
5	炭素化合物	不完全	軽　い	アルカリ

[19] 水による消火作用等について、次の文の【 】内のA～Cに当てはまる語句の組合せとして、次のうち正しいものはどれか。

「水による消火は、燃焼に必要な熱エネルギーを取り去る【A】効果が大きい。これは水が大きな【B】熱と比熱を有するからである。また、水が蒸発して多量の蒸気を発生し、空気中の酸素と可燃性ガスを【C】する作用もある。」

	A	B	C
1	冷 却	蒸 発	希 釈
2	除 去	蒸 発	抑 制
3	冷 却	凝 縮	窒 息
4	冷 却	凝 縮	除 去
5	除 去	蒸 発	冷 却

[20] アセチレンの完全燃焼を表した化学反応式において、次の【A】～【D】の各係数の和として、正しいものはどれか。ただし、係数は整数で、1の場合も省略しないものとする。

$$【A】C_2H_2 +【B】O_2 →【C】CO_2+【D】H_2O$$

1. 9
2. 11
3. 13
4. 15
5. 17

[21] 静電気の帯電に関する説明として、次のうち誤っているものはどれか。

1. 引火性の液体は電気を通しやすいので、帯電することはない。
2. 電気の不導体は帯電しやすい。
3. 2種類の絶縁体を摩擦すると、一方が正、他方が負に帯電する。
4. 湿度が低いときは帯電しやすい。
5. 帯電防止策に接地する方法がある。

[22] 熱の移動の仕方には、伝導、対流、放射の3つがあるが、次のA～Eのうち、主として対流が原因であるものの組合せはどれか。

A. 直射日光があたって車の屋根が熱くなった。
B. ストーブで灯油を燃焼していたら、徐々に部屋全体が暖かくなった。
C. 鉄棒を持って、その先端を火の中に入れたら手元の方まで次第に熱くなった。
D. 水の入った鍋をガスコンロで加熱したら、徐々に温かくなった。
E. アイロンをかけたら、その衣類が熱くなった。

1. AとB　　2. AとE　　3. BとD　　4. CとD　　5. CとE

[23] 次の【　】内のA～Cに当てはまる語句の組合せとして、正しいものはどれか。

「物質と物質が作用し、その結果、新しい物質ができる変化が【A】である。また、2種類あるいはそれ以上の物質から別の物質ができることを【B】といい、その結果できた物質を【C】という。」

	A	B	C
1	物理変化	化　合	化合物
2	化学変化	混　合	混合物
3	化学変化	重　合	化合物
4	物理変化	混　合	混合物
5	化学変化	化　合	化合物

[24] 地中に埋設された危険物の金属製配管を電気化学的な腐食から守るために、配管に異種金属を接続する方法がある。配管が鋼製の場合、次のA〜Eに掲げる金属のうち、効果のあるものの組合せとして、正しいものはどれか。

A．鉛
B．ニッケル
C．銅
D．アルミニウム
E．マグネシウム

1．AとB　　2．AとE　　3．BとC　　4．CとD　　5．DとE

[25] Aの物質がそれぞれBの物質に変化した場合、それが酸化反応に該当するものはどれか。

	A	B
1	硫　黄	硫化水素
2	水	水蒸気
3	一酸化炭素	二酸化炭素
4	黄りん	赤りん
5	濃硫酸	希硫酸

[26] 危険物の類ごとに共通する性状について、次のうち正しいものはどれか。

1. 第1類の危険物は可燃性であり、加熱すると爆発的に燃焼する。

2. 第2類の危険物は、着火又は引火の危険性がある固体である。

3. 第3類の危険物は、二酸化炭素と接触すると分解発熱して発火する。

4. 第5類の危険物は窒素及び酸素含有物であり、強還元性である。

5. 第6類の危険物は強酸性であり、ガラスやプラスチックを容易に腐食する。

[27] 第4類の危険物の性状として、次のうち誤っているものはどれか。

1. 引火性の液体である。

2. 発火点は、ほとんどのものが100℃以下である。

3. 引火の危険性は、引火点の低いものほど高い。

4. 液体の比重は、1より小さいものが多い。

5. 非水溶性のものは、静電気が蓄積しやすい。

[28] 第4類の危険物の貯蔵、取扱いの方法として、次のA～Dのうち、適切なもののみを掲げている組合せはどれか。

A. 引火点の低いものを屋内で取り扱う場合には、十分な換気を行う。

B. 屋内の可燃性蒸気が滞留するおそれのある場所では、その蒸気を屋外の地表に近い部分に排出する。

C. 容器に収納して貯蔵するときは、容器に通気孔を設け、圧力が高くならないようにする。

D. 可燃性蒸気の滞留するおそれのある場所の電気設備は、防爆構造のものを使用する。

1. AとB　　2. AとC　　3. AとD　　4. BとC　　5. CとD

性質・火災予防・消火の方法

[29] 危険物を取り扱う地下埋設配管（炭素鋼管）が腐食して、危険物が漏えいする事故が発生している。この腐食の原因として、最も考えにくいものは、次のうちどれか。
1. 地下水位が高く、常時配管の上部が乾燥し、下部が湿っていた。
2. 配管を埋設する際、工具が落下し、被覆がはがれたのに気づかず埋設した。
3. コンクリートの中に配管を埋設した。
4. 電気器具のアースをとるため銅の棒を地中に打ち込んだ際に、配管と銅の棒が接触した。
5. 配管を埋設した場所の近くに直流の電気設備を設置したため、迷走電流の影響が大きくなった。

[30] アセトン及びエタノール等の火災に、水溶性液体用泡消火剤以外の一般的な泡消火剤を使用した場合は効果的でない。その理由として、次のうち正しいものはどれか。
1. 泡が重いため沈むから。
2. 泡が燃えるから。
3. 泡が乾いて飛ぶから。
4. 泡が固まるから。
5. 泡が消えるから。

[31] 自動車ガソリンの性状について、次のうち正しいものはどれか。
1. 水より重い。
2. 引火点が低く、冬期の屋外でも引火の危険性は大きい。
3. 燃焼範囲は、ジエチルエーテルより広い。
4. 液体の比重は、一般に灯油や軽油よりも大きい。
5. 蒸気は空気より軽い。

[32] 酢酸の性状について、次のうち妥当なものはどれか。

1．無色無臭の液体である。

2．蒸気の比重は空気より軽い。

3．強い腐食性を有する有機酸である。

4．水に任意の割合で溶け、アルコール、エーテルには溶けない。

5．引火点は常温（20℃）以下である。

[33] 布や紙等に染み込んで大量に放置されていると、自然発火する危険性が最も高い危険物は、次のうちどれか。

1．第４石油類のうちギヤー油

2．動植物油類のうち半乾性油

3．動植物油類のうち不乾性油

4．動植物油類のうち乾性油

5．第３石油類のうちクレオソート油

[34] 引点の低いものから高いものへ順に並んでいる組合せで、次のうち正しいものはどれか。

1．自動車ガソリン ＜ トルエン ＜ ギヤー油

2．自動車ガソリン ＜ 灯 油 ＜ トルエン

3．自動車ガソリン ＜ ギヤー油 ＜ 重 油

4．トルエン ＜ 自動車ガソリン ＜ ギヤー油

5．トルエン ＜ ギヤー油 ＜ 灯 油

[35] アセトンの性状として、次のうち妥当でないものはどれか。

1．水より軽い。

2．揮発しやすい。

3．無色で特有の臭気を有する。

4．水に溶けない。

5．発生する蒸気は空気より重く、低所に滞留しやすい。

危険物に関する法令

[1] **答 3** ×4. 危険物は法別表第1の品名欄に定められている。市町村条例に定めるものはない。

[2] **答 1** ○1. ①所轄消防署長の②承認を受け、指定数量以上の危険物を製造所等以外の場所で③仮に貯蔵し、又は取り扱うことができる期間は④10日以内である。これを「仮貯蔵・仮取扱い」という。①〜④がポイント。他の項に10日以内の制限はない。

[3] **答 3** ○3. 特殊引火物 30L÷50L＝0.6　　第1石油類（非水溶性液体）100L÷200L＝0.5　　よって **0.6＋0.5＝1.1**
　⇨ 1. は0.9　　2. は0.9　　○3. は1.1　　4. は0.7　　5. は0.75

[4] **答 2** ○2. 製造所の空地の幅は、2. のように定められている。この数値は基本なので覚えておこう！

[5] **答 4** よく出る問題なので、p10 の消火設備の種類を確実に覚えよう！

[6] **答 2** ○2. 他に指定数量の倍数に上限がないものは、屋外タンク貯蔵所等。

[7] **答 2** ○2. p30, 32 参照。あらかじめ（＝10日前までに）。　×1. 3. 4. は、遅滞なく届け出る。　×5. 危険物施設保安員を定めても、届け出る必要はない。

[8] **答 5** 5. この場合、危険物保安監督者を定めていないと、許可の取り消しではなく使用停止命令を受ける。他は、全部許可の取り消しになる。

[9] **答 2** ○1. 危険物施設保安員は、制度上、危険物取扱者免状を所持していない者もいるが、定期点検を行うことができる。　×2. 所有者であっても免状がないと、立会いなしでは点検できない。

[10] **答 3** ×3. 免状の再交付の申請は、居住地ではなく免状の交付又は書換えをした都道府県知事に申請するように定められている。（勤務地でもダメ）

[11] **答 3** 新たに危険物の取扱作業に従事する危険物取扱者は、1年以内に受講する。

[12] **答 5** ×5. 実務経験4か月の者は、経験が6か月ないので指定できない。

[13] **答 5** p29 参照。　×5. 高引火点危険物は、引火点100℃以上の第4類の危険物。

[14] **答 1** ○1. 第1類の酸化性固体と第4類の引火性液体の混載は、発火・爆発の危険があるのでできない。第4類は、2類、3類、5類と混載できるものがある。

[15] **答 4** ×4. 簡易貯蔵タンクの通気管は、特別な構造のものでない限り常に解放しておかなければならない。

基礎的な物理学・化学

[16] 答 5 　○5. 二酸化炭素は安定した化合物なので、酸素と結合しない（燃えない）。

[17] 答 1 　1. 体膨張率：燃焼の難易に関係なし。　2. 空気との接触面積：大きいと燃焼しやすくなる。　4. 熱伝導率：小さいと燃焼しやすい。

[18] 答 2 　【A＝炭素化合物】【B＝完全】【C＝重い】【D＝酸】

[19] 答 1 　【A＝冷却】【B＝蒸発】【C＝希釈】

[20] 答 3 　考え方①→⑥に沿って次のように計算します。

$$\underset{②}{【A=1】}C_2H_2 + \underset{⑤}{【B=2.5】}O_2 \rightarrow \underset{②}{【C=2】}CO_2 + \underset{③}{【D=1】}H_2O$$

①化学反応式は、同じ種類の原子の数は左右両辺で等しくなっている。

②【A】項を 1 とした場合は、C_2H_2 から【C】項には 2 が入る。

③同じようにして、C_2H_2 から【D】項には 1 が入る。

④【C】項の酸素は $2O_2$ で【D】項の酸素は $1/2O_2$ なので、合計は $2.5O_2$ となる。

⑤【B】項は 2.5 が入る。

⑥係数の合計は 6.5 となるので、2 倍して 13 の整数とする。

[21] 答 1 　×1. 引火性液体の多くは電気の不良導体（電気を通しにくい）で、静電気が発生し帯電しやすい。

[22] 答 3 　○3. B と D　×A. 放射　○B. 対流　×C. 伝導　○D. 対流　×E. 伝導

[23] 答 5 　【A＝化学変化】【B＝化合】【C＝化合物】

[24] 答 5 　鉄よりもイオン化傾向の大きい金属を接続すれば、鋼管は錆びにくくなる。　○D．アルミニウム　○E．マグネシウム

[25] 答 3 　p116〜117 参照。　○3. 一酸化炭素（CO）が二酸化炭素（CO_2）になったのは、酸化反応である。　×1. 硫黄（S）が硫化水素（H_2S）になったのは、硫黄（S）が水素（H_2）と化合しているので還元反応である。他は、酸化反応等に関係なし。

性質・火災予防・消火の方法

[26] 答 2 ×1. 第1類の危険物は不燃性で、加熱、衝撃等により酸素を放出する。 ×3. 第3類の危険物は固体又は液体で、多くは禁水性と自然発火性の両方を有する。 ×4. 第5類の危険物は強還元性の固体又は液体で、外部から酸素の供給がなくても燃焼するものが多いが、酸素を含有していないものもある。なお、強還元性とは燃焼が激しいこと。 ×5. 第6類の危険物は強酸化性の液体で、ガラス容器に入っているものもあり、ガラス等を腐食させることはない。

[27] 答 2 ×2. 第4類の危険物で発火点が100℃以下は、二硫化炭素90℃のみである。他はすべて100℃以上である。

[28] 答 3 ○3. AとD ×B. 蒸気は重いので、屋内の上部から排出して拡散をさせる。 ×C. 法令上、引火性液体である第4類には、通気孔がある容器は使えない。容器の通気孔から可燃性蒸気が漏れ、余計に危険性を増すおそれがある。

[29] 答 3 ○3. 正常なコンクリートの中は、強アルカリ性で安定した不導体被膜を形成し金属の腐食を防止できる。他の項は、いずれも腐食発生の原因となる。

[30] 答 5 ○5. アセトン、エタノール等の水溶性液体の火災に、大半が水である一般的な泡消火剤を用いると、消火剤が水溶性液体に溶けて泡が消えるので消火できない。

[31] 答 2 ○2. ガソリンの引火点は-40℃以下と低く、厳冬の北海道でも引火し危険である。

[32] 答 3 ×1. 第4類の危険物に、無色はあるが無臭はない。(試験に出る範囲内)

[33] 答 4 ○4. 動植物油類でヨウ素価が大きいアマニ油、キリ油等の乾性油は、自然発火しやすい。

[34] 答 1 ○1. 自動車ガソリン (-40℃以下) <トルエン(4℃) <ギヤー油 (220℃)

[35] 答 4 ×4. アセトンは水溶性液体なので、水によく溶ける。

[1] 法別表第一に定める第4類の危険物の品名について、次のうち誤っているものはどれか。

1. ジエチルエーテルは、特殊引火物に該当する。
2. ガソリンは、第1石油類に該当する。
3. 軽油は、第2石油類に該当する。
4. 重油は、第3石油類に該当する。
5. クレオソート油は、第4石油類に該当する。

[2] 法令上、予防規程に定めなければならない事項として、該当しないものは次のうちどれか。

1. 危険物の在庫の管理と発注に関すること。
2. 危険物の保安に関する業務を管理する者の職務及び組織に関すること。
3. 危険物の取扱い作業の基準に関すること。
4. 災害その他の非常の場合に取るべき措置に関すること。
5. 危険物の保安に係る作業に従事する者に対する保安教育に関すること。

[3] 現在、灯油200Lを貯蔵している。さらに、次の危険物を同一場所で貯蔵した場合、法令上、指定数量以上になるものはどれか。

1. ギヤー油　　　　1,000L
2. 軽　油　　　　　　200L
3. ガソリン　　　　　100L
4. 重　油　　　　　1,600L
5. シリンダー油　　2,000L

[4] 法令上、危険物を貯蔵し、又は取り扱う建築物その他の工作物等の周囲に、一定の幅の空地を設ける旨が定められている製造所等は次のうちどれか。

1. 屋内タンク貯蔵所
2. 簡易タンク貯蔵所（屋外に設置する場合）
3. 移動タンク貯蔵所
4. 地下タンク貯蔵所
5. 第1種販売取扱所

[5] 法令上、製造所等に設置する消火設備の区分について、次のA〜Eのうち、第2種と第5種の消火設備を組み合わせたものはどれか。

A. スプリンクラー設備
B. 消火粉末を放射する大型消火器
C. 屋内消火栓設備
D. ハロゲン化物消火設備
E. 二酸化炭素を放射する小型消火器

1. AとB　　2. AとE　　3. BとC　　4. CとD　　5. DとE

[6] 法令上、製造所の位置、構造及び設備の技術上の基準について、次のうち正しいものはどれか。ただし、特例基準が適用されるものは除く。

1. 危険物を取り扱う建築物は、地階を有することができる。
2. 危険物を取り扱う建築物の延焼のおそれのある部分以外の窓にガラスを用いる場合は、網入りガラスにしないことができる。
3. 指定数量の倍数が5以上の製造所には、周囲の状況によって安全上支障がない場合を除き、規則で定められた避雷設備を設けなければならない。
4. 危険物を取り扱う建築物の壁及び屋根は、耐火構造とするとともに、天井を設けなければならない。
5. 電動機及び危険物を取り扱う設備のポンプ、弁、継ぎ手等は、火災の予防上支障のない位置に取り付けなければならない。

[7] 法令上、製造所等の位置、構造及び設備を変更する場合の手続きとして、次のうち正しいものはどれか。

1. 変更工事完了後、すみやかに市町村長等に届け出なければならない。
2. 変更工事完了の10日前までに、市町村長等に届け出なければならない。
3. 変更の計画を市町村長等に届け出てから、変更工事を開始しなければならない。
4. 市町村長等の変更許可を受けてから、変更の工事を開始しなければならない。
5. 変更工事を開始する10日前までに、市町村長等に届け出なければならない。

[8] 法令上、市町村長等から製造所等の使用停止を命ぜられる事由に該当しないものは、次のうちどれか。

1. 製造所等の変更工事時に、仮使用の承認又は完成検査を受けないで、製造所等を使用したとき。
2. 製造所等の位置・構造・設備を無許可で変更したとき。
3. 製造所等で危険物の取扱作業に従事している危険物取扱者が、免状の返納命令をうけたとき。
4. 定期点検を行わなければならない製造所等において、それを行っていないとき。
5. 危険物保安監督者を定めなければならない製造所等において、それを定めていないとき。

[9] 法令上、危険物取扱者以外の者が、危険物施設において定期点検及び危険物の取扱作業をする場合、危険物取扱者の立会いについて、次のうち誤っているものはどれか。

1. 丙種危険物取扱者は、定期点検の立会いができない。
2. 丙種危険物取扱者は、危険物の取扱作業の立会いができない。
3. 甲種危険物取扱者は、定期点検の立会いができる。
4. 乙種危険物取扱者は、免状に指定する危険物の取扱作業の立会いができる。
5. 甲種危険物取扱者は、すべての種類の危険物の取扱作業の立会いができる。

[10] 法令上、免状の書換えを申請しなければならない事由について、次のA～Eのうち誤っているもののみの組合せはどれか。

A．作業していた場所が移転し、所在地が変わったとき。

B．現住所を変更したとき。

C．本籍地の住所を変更したとき。

D．氏名が変わったとき。

E．免状の写真が撮影から10年を経過したとき。

1．AとB　　2．AとE　　3．BとD　　4．CとD　　5．CとE

[11] 法令上、危険物の取扱作業の保安に関する講習について、次のうち正しいものはどれか。

1．製造所等で危険物保安監督者に選任された危険物取扱者のみが、受講しなければならない。

2．免状の交付、書換え又は再交付を受けた都道府県のみでなければ、受講することはできない。

3．現に製造所等において危険物の取扱作業に従事している危険物取扱者は、3年に1回、それ以外の危険物取扱者は10年に1回の免状の書換えの際にそれぞれ受講しなければならない。

4．受講の義務のある危険物取扱者が受講しなかった場合は、免状の返納を命じられることがある。

5．製造所等で危険物の取扱作業に従事しているすべての危険物取扱者及び危険物施設保安員に受講義務がある。

[12] 法令上、危険物保安監督者について、次のうち誤っているものはどれか。

1. 製造所においては、その許可数量、品名等にかかわらず危険物保安監督者を定めなければならない。

2. 危険物保安監督者を選任又は解任したときは、その旨を遅滞なく市町村長等に届け出なければならない。

3. 危険物保安監督者は、火災等の災害が発生した場合は、作業者を指揮して応急の措置を講じるとともに、直ちに消防機関に連絡すること。

4. 危険物保安監督者を定めるのは、製造所等の所有者等である。

5. 特定の危険物であれば、それを取り扱う製造所等において、丙種危険物取扱者を危険物保安監督者に選任することができる。

[13] 法令上、顧客に自ら自動車等への給油等をさせる給油取扱所における取扱いの技術上の基準について、次のうち誤っているものはどれか。

1. 顧客用固定給油設備以外の固定給油設備を使用して、顧客自らによる給油を行わせることができる。

2. 固定給油設備の1回あたりの給油量及び給油時間の上限は、それぞれ顧客の1回あたりの給油量及び給油時間を勘案して、適正に数値を設定しなければならない。

3. 顧客の給油作業が開始されるときは、火気のないこと、その他安全上支障がないことを確認したうえで、制御装置を用いてホース機器への危険物の供給を開始し、顧客の給油作業が行える状態にしなければならない。

4. 制御卓で、顧客の給油作業を直視等により、適正に監視しなければならない。

5. 顧客の給油作業が終了したときは、制御装置を用いてホース機器への危険物の供給を停止し、顧客の給油作業が行えない状態にしなければならない。

[14] 法令上、危険物の運搬に関する技術上の基準に定められていないものは、次のうちどれか。

1. 運搬容器は、収納口を上方に向けて積載しなければならない。

2. 運搬容器の外部には、原則として危険物の品名、数量等を表示して積載しなければならない。

3. 危険物又は危険物を収納した運搬容器が、著しく摩擦又は動揺を起こさないように運搬しなければならない。

4. 特殊引火物を運搬する場合は、運搬容器を日光の直射から避けるため、遮光性のもので被覆しなければならない。

5. 指定数量の10倍以上の危険物を車両で運搬する場合は、所轄消防署長に届け出なければならない。

[15] 法令上、製造所等における危険物の貯蔵及び取扱いのすべてに共通する技術上の基準として、次のうち誤っているものはどれか。

1. 許可若しくは届出に係る品名以外の危険物、又はこれらの許可若しくは届出に係る数量若しくは指定数量の倍数を超える危険物を貯蔵し、又は取り扱ってはならない。

2. 製造所等においては、常に整理及び清掃を行うとともに、みだりに空箱その他の不必要な物件を置いてはならない。

3. 貯留設備または油分離装置にたまった危険物は、あふれないように随時くみ上げること。

4. 危険物のくず、かす等は、1週間に1回以上、当該危険物の性質に応じて安全な場所で廃棄その他適当な処置をしなければならない。

5. 危険物を保護液中に保存する場合は、当該危険物が保護液から露出しないようにしなければならない。

[16] 炭素と水素からなる有機化合物を完全燃焼したとき、生成する物質のみを掲げたものは、次のうちどれか。

1．不飽和炭化水素
2．飽和炭化水素
3．有機過酸化物
4．飽和炭化水素と水
5．二酸化炭素と水

[17] 次の文の【　】内のA及びBに当てはまる物質の燃焼の仕方として、正しいものはどれか。

「木材、紙などの可燃性固体が加熱されて、このとき発生する可燃性ガスが燃焼することを【A】といい、木炭、コークスなどの可燃性固体が加熱されて、赤熱しながら燃焼することを【B】という。」

	A	B
1	蒸発燃焼	表面燃焼
2	表面燃焼	分解燃焼
3	分解燃焼	表面燃焼
4	分解燃焼	蒸発燃焼
5	表面燃焼	蒸発燃焼

基礎的な物理学・化学

[18] 「ガソリンの燃焼範囲の下限値は、1.4vol%である。」
　　このことについて、正しく説明しているものは次のうちどれか。

 1．空気 100L にガソリン蒸気 1.4L を混合した場合は、点火すると燃焼する。
 2．空気 100L にガソリン蒸気 1.4L を混合した場合は、長時間放置すれば自然
　　発火する。
 3．内容量 100L の容器中に空気 1.4L とガソリン蒸気 98.6L との混合気体が
　　入っている場合は、点火すると燃焼する。
 4．内容量 100L の容器中にガソリン蒸気 1.4L と空気 98.6L との混合気体が
　　入っている場合は、点火すると燃焼する。
 5．ガソリン蒸気 100L に空気 1.4L 混合した場合は、点火すると燃焼する。

[19] 消火剤に関する次のA～Eの記述のうち、誤っているものを組合せたもの
　　はどれか。
　　　A．たんぱく泡消火剤は、他の泡消火剤に比べて熱に弱いが抑制効果が大き
　　　　い。
　　　B．二酸化炭素消火剤は、酸素濃度を低下させて窒息消火する。
　　　C．粉末消火剤は、粒子が小さいほど消火効果が高い。
　　　D．強化液消火剤は凝固点が 0℃なので、寒冷地での使用はできない。
　　　E．ハロゲン化物消火剤は、負触媒作用により燃焼を抑制する。
 1．AとB　　 2．AとD　　 3．BとC　　 4．CとE　　 5．DとE

[20] 次の性状を有する可燃性液体の説明について、正しいものはどれか。
　　　引火点　　28℃　　　　　　発火点　　600℃
　　　燃焼範囲　2 ～ 10vol%　　沸点　　　140℃
 1．液体の温度が 28℃未満では、可燃性蒸気は発生しない。
 2．液体の温度が 28℃になると、発生する蒸気の濃度が 10vol%になる。
 3．発生する蒸気の濃度が 10vol%になると、発火する。
 4．140℃に加熱すると、発生する蒸気の濃度が 10vol%になる。
 5．600℃の物質と接触すると発火することがある。

[21] 静電気に関する記述として、次のうち誤っているものはどれか。

1. 物体が電気を帯びることを帯電といい、帯電した物体に分布している流れの ない電気を静電気という。

2. 種類の異なる物質は、こすり合わせると電子の一部が一方から他方へ移り、 それぞれ正負の電荷が帯電する。

3. 電子が不足した物体は正に、電子が過剰にたまった物体は負に帯電する。

4. 物体間で電荷のやりとりがあっても、電気量の総和は変わらない。

5. 電荷には正電荷と負電荷があり、同種の電荷の間には引力が働く。

[22] 比熱について、次のうち正しいものはどれか。

1. 物質1gの温度を1K（ケルビン）だけ高めるのに必要な熱量である。

2. 物質が水を含んだとき、発生する熱量である。

3. 物質1gが液体から気体に変化するのに要する熱量である。

4. 物質に1Jの熱量を加えたときの温度上昇の割合である。

5. 物質を圧縮したとき、発生する熱量である。

[23] 一般的な物質の反応速度について、次のうち正しいものはどれか。

1. 触媒は反応速度に影響しない。

2. 気体の混合物では、濃度は気体の分圧に反比例するので、分圧が低いほど気 体の反応速度は大きくなる。

3. 固体では、反応物との接触面積が大きいほど反応速度は小さくなる。

4. 温度が上がると、反応速度は小さくなる。

5. 反応物の濃度が濃いほど、反応速度は大きくなる。

基礎的な物理学・化学

[24] 物質の酸化反応を熱化学方程式で表したとき、発光を伴ったとしても燃焼反応に該当しないものはどれか。

1. $C + O_2 = CO_2 + 394kJ$

2. $Al + \dfrac{3}{4} O_2 = \dfrac{1}{2} Al_2O_3 + 836kJ$

3. $C_2H_5OH + 3O_2 = 2CO_2 + 3H_2O + 1,368kJ$

4. $N_2 + \dfrac{1}{2} O_2 = N_2O - 74kJ$

5. $C_3H_8 + 5O_2 = 3CO_2 + 4H_2O + 2,220kJ$

[25] 一酸化炭素と二酸化炭素に関する性状の比較について、次のうち誤っている組合せはどれか。

	一酸化炭素	二酸化炭素
1	毒性が強い	毒性が弱い
2	空気より重い	空気より軽い
3	液化しにくい	液化しやすい
4	水にわずかに溶ける	水によく溶ける
5	燃える	燃えない

[26] 危険物の類ごとに共通する性状について、次のうち正しいものはどれか。

1. 第１類の危険物は、酸化性の固体であり、摩擦や衝撃に対して安定している。
2. 第２類の危険物は、可燃性の固体又は液体であり、酸化剤との混触により発火・爆発のおそれがある。
3. 第３類の危険物は、固体又は液体であり、多くは禁水性と自然発火性の両方を有する。
4. 第５類の危険物は、それ自身は不燃性であるが、分解し酸素を放出する。
5. 第６類の危険物は、還元性の液体であり、有機物との混触により、発火・爆発のおそれがある。

[27] 第４類の危険物の一般性状について、次のうち誤っているものはどれか。

1. 危険物の蒸気に火源を近づけると、必ず引火する。
2. 比重は、１より小さいものが多い。
3. 蒸気比重は、１より大きい。
4. 貯蔵は、密栓容器に入れて貯蔵する。
5. 電気の不良導体で、静電気が発生しやすい。

[28] ガソリンを取り扱う場合、静電気による火災を防止するための処置として、次のうち誤っているものはどれか。

1. タンクや容器への注入は、できるだけ流速を小さくした。
2. 移動タンク貯蔵所への注入は、移動タンク貯蔵所を絶縁して行った。
3. 容器に注入するホースは、接地導線のあるものを用いた。
4. 作業着は、一般に合成繊維のものを避け、木綿のものを着用した。
5. 取り扱う室内の湿度を高くした。

性質・火災予防・消火の方法

[29] 第1石油類の危険物を取り扱う場合の火災予防について、次のうち誤っているものはどれか。

1. 液体から発生する蒸気は、地上をはって離れた低いところにたまることがあるので、周囲の火気に気をつける。
2. 取扱作業をする場合は、鉄びょうの付いた靴は使用しない。
3. 取扱場所に設けるモーター、制御器、スイッチ、電灯などの電気設備はすべて防爆構造のものとする。
4. 取扱作業時の服装は、電気絶縁性のよい靴やナイロンその他の化学繊維などの衣類を着用する。
5. 床上に少量こぼれた場合は、ぼろ布などできれいにふき取り、通風を良くし、換気を十分に行う。

[30] 危険物とその火災に適応する消火器との組合せとして、次のうち適切でないものはどれか。

1. ガソリン………消火粉末（リン酸塩類等）を放射する消火器
2. エタノール……棒状の強化液を放射する消火器
3. 軽　油…………二酸化炭素を放射する消火器
4. 重　油…………泡を放射する消火器
5. ギヤー油………霧状の強化液を放射する消火器

[31] 自動車ガソリンの性状について、次のうち正しいものはどれか。

1. 発生する蒸気は空気より重い。
2. 発火点は二硫化炭素よりも低い。
3. 燃焼範囲はジエチルエーテルよりも広い。
4. 引火点は常温（20℃）より高い。
5. 水より重い。

[32] 軽油の性状について、次のうち誤っているものはどれか。

1. 引火点は 45℃以上である。
2. 沸点は水より高い。
3. 比重は 1 より大きい。
4. 蒸気比重は 1 より大きい。
5. 原油を蒸留する際、灯油に続いて溜出する炭化水素の混合物である。

[33] 動植物油（以下「油」という。）の中には自然発火を起こすものがあるが、最も自然発火を起こしやすいものは、次のうちどれか。

1. 容器に入った油が、長時間直射日光にさらされたとき。
2. 油の入った容器に、ふたをしていなかったとき。
3. 容器に入った油を、湿気の多いところに貯蔵したとき。
4. 容器からこぼれた油がしみ込んだぼろ布又は紙などを、通風の悪い場所に長い間積んでおいたとき。
5. 容器の油に不乾性油を混合したとき。

[34] アセトアルデヒドの性状について、次のうち誤っているものはどれか。

1. 無色透明の液体である。
2. 水、エタノールに溶けない。
3. 引火点が非常に低く、引火、爆発の危険がある。
4. 熱や光により分解し、メタン、一酸化炭素を発生する。
5. 空気と接触し加圧すると、爆発性の過酸化物を生成することがある。

[35] 第４石油類について、次のうち妥当でないものはどれか。

1. 一般に水より軽い。
2. 常温（20℃）では蒸発しにくい。
3. 潤滑油、切削油の中に該当するものが多く見られる。
4. 引火点は、第１石油類より低い。
5. 粉末消火剤の放射による消火は、有効である。

危険物に関する法令

[1] **答 5** ×5. クレオソート油は、重油と同じ第3石油類に該当する。

[2] **答 1** ×1. 予防規定は火災予防が目的なので、危険物の在庫の管理等は該当しない。また、火災による消火で受けた損害調査に関すること等も該当しない。

[3] **答 4** 現在貯蔵している灯油200Lの指定数量を計算する。

200L÷1,000L＝0.2 　**指定数量以上になるためには、あと0.8必要。**

1～5.の指定数量を計算する。

○4. 重油　1,600L÷2,000L＝0.8 　　よって、4. が指定数量以上となる。

[4] **答 2** ○2. 簡易タンク貯蔵所（屋外に設置する場合）

[5] **答 2** 2.○A. スプリンクラー設備 → 第2種　○E. 小型消火器 → 第5種

[6] **答 5** ×1. 製造所に地階は設けられない。　×2. ガラスを用いる場合は、網入りガラスと定められている。　×3. 避雷設備は、原則として指定数量の10倍以上に必要。×4. 製造所に天井は設けられない。

[7] **答 4** ○4. 製造所等を変更する場合の手続きは、**事前に市町村長等の変更許可を受けてから、変更の工事を開始**しなければならないと定められている。

[8] **答 3** 3. 免状に関連する事項は、重大事故等のおそれがないために使用停止命令を受けることはない。他の項は、許可の取り消しか使用停止命令の対象である。

[9] **答 1** ×1. 丙種を含む危険物取扱者は、すべて定期点検の立会いができる。

[10] **答 1** 免状の書き換えが必要な事由 ○C. 本籍地の住所を変更したとき。○D. 氏名が変わったとき。　○E. 免状の写真が撮影から10年を経過したとき。

[11] **答 4** p49 虎の巻ポイント④参照。　×5. 危険物施設保安員に受講義務はない。

[12] **答 5** ×5. 法令上、丙種危険物取扱者が、危険物保安監督者に選任されることはない。甲種と乙種危険物取扱者は、選任される資格がある。

[13] **答 1** p26参照。　×1. セルフスタンドで客は、顧客用固定給油設備以外は使用できない。　○4. 制御卓で、顧客の給油作業を直視等により、適正に監視しなければならない。

[14] **答 5** ×5. 危険物の運搬に関し、事前に届け出る規定はない。　1～4. はすべて法令に定められており正しい。

[15] **答 4** ×4. 危険物のくず、かす等は、1週間ではなく1日に1回以上が正しい。他は、すべて法令に定められており正しい。

基礎的な物理学・化学

[16] **答 5** 炭素（C）と水素（H₂）からなる有機化合物の完全燃焼は、二酸化炭素（CO_2）と水（H_2O）を生成する。

[17] **答 3** 「木材、紙等の燃焼は【A＝分解燃焼】 木炭、コークス等の燃焼は【B＝表面燃焼】

[18] **答 4** p84 図3参照。 ×1. 蒸気濃度は1.38vol％となり、薄くて燃焼しない。 ○4. 内容量100Lの容器中にガソリン蒸気1.4Lと空気98.6Lとの混合気体が入っている場合の蒸気濃度は、1.4vol％で点火すると燃焼する。

[19] **答 2** ×A. たんぱく泡消火剤は熱に強く窒息効果が主な消火効果で、抑制効果はない。 ×D. 強化液消火剤は凝固点が約−30℃なので、寒冷地でも使用できる。

[20] **答 5** ×1. 引火点未満でも臭いはあるので、蒸気は発生している。 ×2. 引火点の28℃であれば、発生する蒸気濃度は燃焼範囲の上限値ではなく下限値の2vol％である（引火点の定義2）。 ×3. 燃焼範囲内では引火し燃焼するが、発火はしない。 ×4. 沸点140℃での蒸気濃度はわからない。 ○5. 発火点の600℃では、発火することがある。

[21] **答 5** ×5. 電荷には正電荷と負電荷があり、同種ではなく異種の電荷の間には引力が働く。

[22] **答 1** ○1. この文章は、比熱の定義であり正しい。

[23] **答 5** ×1. 一般に触媒は、反応速度を早くするために用いる。 ?2. ×3. 固体では、反応物との接触面積が大きいほど、分子の衝突回数が増えるので反応速度は大きくなる。 ×4. 温度が上がると3. と同様に反応速度は大きくなる。 ○5. 反応物の濃度が濃いほど3. と同様に反応速度は大きくなる。

[24] **答 4** ×4. −74kJ は発熱していないので、熱と光の発生を伴う酸化反応に該当しない。

[25] **答 2** ×2. 一酸化炭素は空気より軽い。 消火剤でもある二酸化炭素は空気より重い。

性質・火災予防・消火の方法

[26] 答 **3** ×1. 第1類の危険物は、摩擦、衝撃等に対して酸素を放出する等不安定である。 ×2. 第2類は、可燃性の固体である。 ×4. 第5類は自己反応性物質で、外部から酸素の供給がなくても燃焼するものが多い。 ×5. 第6類は、還元性ではなく酸化性の液体である。

[27] 答 **1** ×1. 引火点が40℃の灯油は液温が39℃では、発生する蒸気の量が少ないので火源を近づけても引火しない。危険物は液温が引火点以上でないと、火源を近づけても引火しない。

[28] 答 **2** ×2. 絶縁とはアース線を外して作業をすることなので、この状態では静電気が蓄積して危険である。

[29] 答 **4** ×4. 電気絶縁性のよい化学繊維の衣服は静電気の発生が激しいので、静電気の火災防止のためには、静電気の発生が少ない木綿製等の衣類を着用する。

[30] 答 **2** ×2. エタノールは水溶性液体なので、棒状の強化液を放射する消火器は使用できない。水溶性液体用泡消火器を用いる。

[31] 答 **1** ○1. 第4類の危険物はすべて、発生する蒸気は空気より重い。 ×2. 発火点はガソリン約300℃、二硫化炭素90℃。 ×3. 特殊引火物の燃焼範囲は、すべて広くて危険。ガソリンは1.4～7.6vol%なので、特殊引火物より燃焼範囲は狭い。 ×4. ガソリンの引火点は、-40℃以下で常温より低い。 ×5. 水より軽く水に浮く。

[32] 答 **3** ×3. 軽油は水に浮くので、液体の比重は1より小さい。

[33] 答 **4** 動植物油の自然発火は、油が空気中の酸素と結合して(酸化され)発熱し発火して起こる。4. がこの例である。

[34] 答 **2** ×2. アセトアルデヒドは水溶性危険物なので、水、エタノールによく溶ける。

[35] 答 **4** ×4. ギアー油(220℃)等の第4石油類の引火点は、ガソリン(-40℃以下)等の第1石油類より相当に高く、危険性は小さい。

危険物に関する法令

[1] 法令上、次の文の【 】内に当てはまる語句はどれか。

「アルコール類とは、1分子を構成する炭素の原子の数が【 】の飽和1価アルコール（変成アルコールを含む。）をいい、組成等を勘案して規則で定めるものを除く。」

1. 2個以内　　　　2. 1個から3個まで　　3. 4個以内

4. 1個から5個まで　　5. 6個以内

[2] ある屋内貯蔵所において、第4類危険物AとBが貯蔵されていた。

法令上、この貯蔵所で貯蔵する危険物の指定数量の倍数は、次のうちどれか。

	危険物A	危険物B
性質	非水溶性	非水溶性
1気圧において発火点	220℃	480℃
1気圧において引火点	40℃	5℃
貯蔵量	2,000L	1,000L

1. 2倍　　2. 3倍　　3. 7倍　　4. 22倍　　5. 30倍

[3] 法令上、製造所等の区分に関する一般的な説明として、次のうち正しいものはどれか。

1. 第2種販売取扱所とは、店舗において容器入りのままで販売するため、指定数量の倍数が15以下の危険物を取り扱う取扱所をいう。

2. 移動タンク貯蔵所とは、自動車又は鉄道の車両に固定されたタンクにおいて、危険物を貯蔵し又は取り扱う貯蔵所をいう。

3. 屋外貯蔵所とは、地盤面下に埋設されているタンクにおいて、危険物を貯蔵し又は取り扱う貯蔵所をいう。

4. 屋内貯蔵所とは、屋内の場所において危険物を貯蔵し、又は取り扱う貯蔵所をいう。

5. 給油取扱所とは、固定給油設備によって、金属製ドラム等の運搬容器に直接給油するため、危険物を取り扱う取扱所をいう。

[4] 法令上、学校、病院等の建築物から製造所等の外壁又はこれに相当する建築物の外側までの間に、一定の距離（保安距離）を保たなければならない製造所等と対象となる建築物との組合せとして、次のうち正しいものはどれか。ただし、当該建築物等との間に防火上有効な塀はないものとし、特例基準が適用されるものは除く。

	製造所等	建築物等
1	屋内タンク貯蔵所	使用電圧 66,000V の特別高圧架空電線
2	給油取扱所	重要文化財
3	屋外貯蔵所	屋外貯蔵所と同一敷地内にある一般住宅
4	一般取扱所	幼稚園
5	地下タンク貯蔵所	高圧ガス保安法により、都道府県知事の許可を受けた貯蔵所

[5] 法令上、製造所等に消火設備を設置する場合の所要単位を計算する方法として、次のうち誤っているものはどれか。ただし、製造所等は他の用に供する部分を有しない建築物に設けるものとする。

1. 外壁が耐火構造の製造所の建築物は、延べ面積 100m² を 1 所要単位とする。
2. 外壁が耐火構造でない製造所の建築物は、延べ面積 50m² を 1 所要単位とする。
3. 外壁が耐火構造の貯蔵所の建築物は、延べ面積 150m² を 1 所要単位とする。
4. 外壁が耐火構造でない貯蔵所の建築物は、延べ面積 75m² を 1 所要単位とする。
5. 危険物は、指定数量の 100 倍を 1 所要単位とする。

〔6〕法令上、移動タンク貯蔵所による危険物の貯蔵及び移送について、次のうち
　　誤っているものはどれか。

1．危険物の移送の際、乗車を義務づけられて乗車している危険物取扱者は、免
　　状を携帯していなければならない。

2．休憩等のため移動タンク貯蔵所を一時停止させるときは、安全な場所でなけ
　　ればならない。

3．移動タンク貯蔵所には、完成検査済証を備え付けておかなければならない。

4．移動タンク貯蔵所は、屋外の防火上安全な場所又は壁、床、はり及び屋根を
　　耐火構造とし、若しくは不燃材料で造った建築物の1階に常置すること。

5．積載式以外の移動貯蔵タンクの容量は、50,000L以下であること。

〔7〕法令上、製造所等の所有者等が市町村長等に届け出なくてもよいものは、次
　　のうちどれか。

1．危険物保安統括管理者を定めたとき。

2．危険物保安監督者を定めたとき。

3．危険物施設保安員を定めたとき。

4．製造所等を廃止したとき。

5．製造所等の譲渡を受けたとき。

【8】法令上、市町村長等から製造所等の修理、改造又は移転を命ぜられる場合は、次のうちどれか。

1. 公共の安全の維持又は災害の発生の防止のため、緊急の必要があると認められたとき。
2. 製造所等の位置、構造及び設備を変更しないで、貯蔵し、又は取り扱う危険物の数量を減少したとき。
3. 移動タンク貯蔵所による危険物の移送方法が、法令に定める基準に適合していないとき。
4. 製造所等の位置、構造及び設備が、法令に定める技術上の基準に適合していないとき。
5. 製造所等における危険物の貯蔵及び取扱いの方法が、法令に定める技術上の基準に適合していないとき。

【9】法令上、製造所等の定期点検について、次のうち正しいものはどれか。

1. 定期点検を実施した場合は、遅滞なく、その結果を市町村長等に提出しなければならない。
2. 定期点検を行う者についての規定はないので、所有者等が選任した者であれば誰でもよい。
3. 定期点検をしていないと、許可の取り消しになる場合がある。
4. 定期点検は、危険物の貯蔵及び取扱いが技術上の基準に適合しているかどうかについて行う。
5. すべての地下タンク貯蔵所は、定期点検をする必要はない。

危険物に関する法令

[10] 法令上、危険物取扱者免状について、次のうち誤っているものはどれか。

1. 免状は、それを取得した都道府県の範囲内だけでなく、全国で有効である。

2. 免状の交付を受けている者は、記載事項に変更を生じたときは、免状を交付した都道府県知事又は居住地若しくは勤務地を管轄する都道府県知事に書換えを申請しなければならない。

3. 免状の返納を命じられた者は、その日から起算して2年を経過しないと免状の交付を受けられない。

4. 免状を亡失又は破損等した場合は、免状を交付又は書換えをした都道府県知事にその再交付を申請することができる。

5. 免状を亡失して再交付を受けた者が亡失した免状を発見した場合は、これを10日以内に免状の再交付を受けた都道府県知事に提出しなければならない。

[11] 法令上、危険物保安監督者について、次のうち誤っているものはどれか。

1. 危険物保安監督者は、危険物取扱作業にあたる危険物取扱者に対しても、保安監督上必要な指示を与えなければならない。

2. 危険物保安監督者は、危険物の取扱作業に関して保安の監督をする場合には、誠実にその職務を行わなければならない。

3. 製造所等において危険物取扱者以外の者は、危険物保安監督者が立ち会わない限り、危険物を取り扱うことはできない。

4. 危険物施設保安員を置かなくてもよい製造所等の危険物保安監督者は、規則で定める危険物施設保安員の業務を行わなければならない。

5. 選任の要件である6か月以上の実務経験は、製造所等における実務経験に限定されるものである。

危険物に関する法令

[12] 法令上、危険物施設保安員の業務として、定められていないものは次のうちどれか。

1. 製造所等の構造及び設備を技術上の基準に適合するように維持するため、定期及び臨時の点検を行うこと。

2. 点検を行ったときは、点検を行った場所の状況及び保安のために行った措置を記録し、消防署長に報告すること。

3. 製造所等の構造及び設備に異常を発見した場合は、危険物保安監督者、その他関係ある者に連絡するとともに、状況を判断して適当な措置を講ずること。

4. 火災が発生したとき又は火災発生の危険が著しいときは、危険物保安監督者と協力して、応急の措置を講ずること。

5. 製造所等の計測装置、制御装置、安全装置等の機能が適正に保持されるようにこれを保守管理すること。

[13] 法令上、移動タンク貯蔵所について、次のうち正しいものはどれか。

1. 移動タンク貯蔵所における危険物の移送は、当該移動タンク貯蔵所の所有者等が甲種の免状を所有していれば、危険物取扱者が乗車していなくても行うことができる。

2. 移動タンク貯蔵所で危険物を移送する場合は、免状を携帯していなくてもよい。

3. 移動タンク貯蔵所の完成検査済証は、紛失を避けるため事務所に保管しておかなければならない。

4. 移動タンク貯蔵所により危険物を移送しているときは、消防吏員及び警察官は、火災の防止のため特に必要があると認める場合であっても、これを停止させ、免状の提示を求めることはできない。

5. 移動タンク貯蔵所によるガソリンの移送は、丙種危険物取扱者を乗車させてこれを行うことができる。

[14] 指定数量以上の第4類の非水溶性の危険物を車両で運搬する場合、法令上、積載方法及び運搬方法の技術上の基準に定められていないものは、次のうちどれか。

1. 運搬容器はすべて収納口を上方に向けて積載すること。

2. 車両の前後の見やすい箇所に、0.3m平方の地が黒色で反射塗料その他反射性を有する塗料で「危」と表示した標識を掲げなければならない。

3. 品名又は指定数量を異にする2以上の物品は、同時に運搬できない。

4. 運搬容器の積み重ね高さは、3m以下としなければならない

5. 運搬容器の外部には、危険物の品名、危険等級、化学名及び数量等を表示しなければならない。

[15] 法令上、危険物の貯蔵及び取扱いについて、次のうち誤っているものはどれか。

1. 第3類の危険物のうち、黄りんその他水中に貯蔵する物品と禁水性物品とは、同一の貯蔵所に貯蔵しないこと。

2. 抽出工程においては、抽出罐（ちゅうしゅつかん）の内圧が異常に上昇しないようにしなければならない。

3. 焼き入れ作業は、危険物が危険な温度に達する場合、消火器を準備して行わなければならない。

4. 焼却する場合は、安全な場所で、かつ、燃焼や爆発によって他に危害又は損害を及ぼすおそれのない方法で行うとともに、見張人をつけなければならない。

5. 埋没する場合は、危険物の性質に応じ、安全な場所で行わなければならない。

基礎的な物理学・化学

[16] 燃焼について、次のうち最も適切でないものはどれか。

1. 窒素が酸素と反応して、一酸化二窒素(亜酸化窒素)になる反応は燃焼である。

2. 炭化水素ガスが完全に燃焼すると、二酸化炭素と水になる。

3. 空気中の炭化水素ガス濃度が理論空燃比より高くなると、炭素は二酸化炭素まで酸化されないで、一酸化炭素が生成する。

4. 金属がさびる反応は酸化反応であるが、発光を伴わないので燃焼ではない。

5. 酸素供給源として、一般に空気中の酸素が利用されるが、化合物中の酸素が使われることもある。

[17] 燃焼に関する一般的な説明として、次のA〜Dのうち、正しいものの組合せはどれか。

　　A. 燃焼とは、熱と光の発生を伴う酸化反応である。

　　B. 硝酸、過酸化水素、塩素酸カリウム等の酸化剤は、酸素供給源として作用することもある。

　　C. 鉄がさびて酸化鉄になる酸化反応は、燃焼にあたる。

　　D. 線香が無炎燃焼しているとき、風などの影響で酸素の供給量が増加することにより、有炎燃焼に移行することがある。

1. A D　　2. B C　　3. C D　　4. A B D　　5. A C D

[18] プロパン(C_3H_8)22 gを完全燃焼させるために必要な酸素量として、次のうち正しいものはどれか。ただし、炭素の原子量は12、水素の原子量は1、酸素の原子量は16とする。

1. 60g　　2. 80g　　3. 100g　　4. 120g　　5. 140g

[19] 消火剤の主成分と消火効果の説明で、次のうち誤っているものはどれか。

1. 水……………水は比熱が大きいため冷却効果が大きく、また、蒸発すると
きの気化熱が大きいので燃焼物から熱を奪い、周囲の温度
を低下させる。

2. 強化液…………炭酸カリウムの濃厚な水溶液で、主に水による冷却効果と、
溶液中のアルカリ金属による負触媒効果（抑制作用）があ
る。

3. 泡………………たん白泡、フッ化たん白泡、水性膜泡、合成界面活性剤泡等
があり、窒息効果と冷却効果がある。

4. 消火粉末………炭酸水素ナトリウム、炭酸水素カリウム及びリン酸二水素ア
ンモニウム等を主成分とした固体の無機化合物を粉末状に
したものであり、負触媒効果（抑制作用）と窒息効果がある。

5. 二酸化炭素……容器に液体で充填されており、それが放出時に気化して燃焼
の連鎖反応を断ち切る負触媒効果（抑制作用）がある。

[20] 物質が燃焼する場合の化学反応式で、次のうち誤っているものはどれか。

1. $C_2H_2 + \dfrac{5}{2} O_2 \rightarrow 2CO_2 + H_2O$

2. $H_2 + \dfrac{1}{2} O_2 \rightarrow H_2O$

3. $4P + 5O_2 \rightarrow P_4O_{10}$

4. $CS_2 + 3O_2 \rightarrow CO + 2SO_3$

5. $CO + \dfrac{1}{2} O_2 \rightarrow C_2O$

基礎的な物理学・化学

[21] 静電気について、次のうち誤っているものはどれか。

1．静電気の火花放電は、可燃性蒸気の点火源になることがある。

2．ガソリン等がホースを流れるときは、静電気が発生しやすい。

3．静電気の蓄積を防ぐには、電気絶縁性が大きいものを使用する。

4．静電気は人体にも帯電する。

5．合成樹脂は、摩擦などによって静電気が発生しやすい。

[22] 0℃のガソリン 1,000L を徐々に温めたら 1,020L になった。このときの液温に最も近いものは、次のうちどれか。ただし、ガソリンの体膨張率は 1.35×10^{-3} K^{-1} で、蒸発はないものとする。

1．5℃　　2．10℃　　3．15℃　　4．20℃　　5．25℃

[23] メタノールが完全燃焼したときの化学反応式について、【　】内のA〜Cに当てはまる数字及び化学式の組合せとして、正しいものはどれか。

【A】CH_3OH＋【B】O_2 → 2【C】＋$4H_2O$

	A	B	C
1	2	3	CO_2
2	2	3	CO
3	3	2	$HCHO$
4	3	2	CH_4
5	4	3	CO_2

【24】次の化学構造式を持つ化合物の品名として、正しいものはどれか。

1．キシレン

2．エタノール

3．酢酸

4．ベンゼン

5．アセトン

$$H-\overset{\displaystyle H}{\underset{\displaystyle H}{C}}-\overset{\displaystyle H}{\underset{\displaystyle H}{C}}-OH$$

【25】次の反応のうち、下線部の物質が還元されているものはどれか。

1．二酸化炭素が赤熱した炭素に触れて、一酸化炭素になった。

2．黄りんが燃焼して、五酸化二りんになった。

3．銅が加熱されて、酸化銅になった。

4．木炭が燃焼して、二酸化炭素になった。

5．メタンが燃焼して、二酸化炭素と水蒸気になった。

性質・火災予防・消火の方法

[26] 危険物の類ごとの性状について、次のうち正しいものはどれか。

　1．第1類の危険物は、酸素を含有しているので内部（自己）燃焼する。

　2．第2類の危険物は、水と作用して激しく発熱する。

　3．第3類の危険物は、可燃性の強酸類である。

　4．第5類の危険物は、外部から酸素の供給がなくても燃焼するものが多い。

　5．第6類の危険物は、可燃性の強酸化剤である。

[27] 第4類の危険物の一般性状について、次のA～Eうち、妥当でないものを組み合わせたものはどれか。

　　A．液体の比重は、1より大きいものが多い。

　　B．流動性が高いため、火災になると拡大する危険性が大きい。

　　C．液体から発生する蒸気の比重は、1より小さい。

　　D．引火点が高い物質ほど、引火する危険性が大きい。

　　E．可燃性蒸気は低所に滞留しやすく、また、遠方へ流動することもある。

　1．A　　2．BD　　3．BE　　4．CE　　5．ACD

[28] 二硫化炭素の屋外貯蔵タンクを水槽に入れ、水没する理由として、次のうち正しいものはどれか。

　1．可燃物との接触を避けるため。

　2．水と反応して安定な物質ができるため。

　3．可燃性蒸気が発生するのを防ぐため。

　4．不純物の混入を防ぐため。

　5．空気と接触して爆発性の物質ができるのを防ぐため。

[29] 第1石油類の貯蔵タンクを修理または清掃する場合の火災予防上の注意事項として、次のうち誤っているものはどれか。

1. 洗浄のため水蒸気をタンク内に噴出させるときは、静電気の発生を防止するため、高圧で短時間に行う。

2. 残油などをタンクから抜き取るときは、静電気の蓄積を防止するため、容器等を接地する。

3. タンク内に残っている可燃性ガスを排出する。

4. タンク内の作業に入る前に、タンク内の可燃性ガス濃度を測定機器で確認してから修理等を開始する。

5. タンク内の可燃性蒸気を置換する場合には、窒素等を使用する。

[30] 火災に際し、水溶性液体用の泡消火剤の使用が適切である危険物の組合せで、次のうち正しいものはどれか。

1	ベンゼン	ジエチルエーテル
2	ガソリン	アセトアルデヒド
3	ベンゼン	メタノール
4	アセトン	メタノール
5	軽　油	酢酸エチル

[31] 自動車ガソリンの性状について、次のうち妥当でないものはどれか。

1. 水より軽い。

2. 沸点は約−40℃である。

3. 流動により静電気が発生しやすい。

4. 燃焼範囲は、おおむね1〜8vol%である。

5. 蒸気は空気より重い。

[32] 第2石油類の性状について、次のうち誤っているものはどれか。

1．引火点が20℃以下のものはない。

2．比重が1より大きく、水の下層に沈むものがある。

3．水に溶けるものがある。

4．蒸気比重は1より大きい。

5．発火点はすべて第1石油類より高く、第3石油類より低い。

[33] 第4類の危険物の一般的な性状について、次のうち誤っているものはどれか。

1．常温（20℃）、常圧（1気圧）で液状であり、蒸気は可燃性である。

2．液体の比重は、1より小さいものが多い。

3．蒸気は、特有の臭気を帯びるものが多い。

4．電気の良導体である。

5．引火の危険性は、引火点の低いものほど高い。

[34] 二硫化炭素の性状について、次のうち誤っているものはどれか。

1．純品は無色透明であるが、一般流通品は黄色に変色している。

2．水より軽く、水にほとんど溶けない。

3．発火点は90℃と低く、高温の蒸気配管などに接触しただけで発火することがある。

4．蒸気は空気より重く、毒性がある。

5．燃焼すると有毒な二酸化硫黄を発生する。

[35] メタノールとエタノールの性状について、次のうち妥当でないものはどれか。

1．硝酸と混触すると、爆発性物質を生成することがある。

2．引火点は約20℃で、発火点が400℃以上である。

3．ヒドロキシ基（ヒドロキシル基）（－OH）を1つ持つ、飽和1価アルコールである。

4．比重は水より小さく、沸点は水より低い。

5．燃焼したとき炎が見えにくいことがあり、注意が必要である。

危険物に関する法令

[1] 答 2 ○2. アルコール類は、1分子の炭素の原子の数が1個から3個まで。

[2] 答 3 〈Aの計算〉 ポイント→引火点と非水溶性・水溶性の確認が大切
①Aは引火点が40℃なので、第2石油類（引火点：21℃以上70℃未満）である。
②非水溶性なので指定数量は1,000Lである。 ③ 2,000L÷1,000L＝2
　　　　〈Bの計算〉
①Bは引火点が5℃なので、第1石油類（引火点：21℃未満）である。
②非水溶性なので指定数量は200Lである。 ③ 1,000L÷200L＝5
　　　よって、AとBの指定数量の 倍数の合計＝2＋5＝7倍

[3] 答 4 ×1. 指定数量の倍数が15以下は、第1種販売取扱所 ×2. 移動タンク貯蔵所に鉄道の車両はない。 ×3. 地盤面下は地下タンク貯蔵所 ○4. ×5. 給油取扱所とは、自動車等の燃料タンクに直接給油するのが正しい。

[4] 答 4 p9 図2参照。この場合3. と4. が保安距離が必要であるが、3. の〈屋外貯蔵所と同一敷地内にある一般住宅〉は、対象となる建築物等に該当しない。屋外貯蔵所の 敷地外の一般住宅であれば、保安距離が必要である。

[5] 答 5 ×5. 危険物は、指定数量の100倍ではなく10倍を1所要単位とする。

[6] 答 5 ×5. 移動タンク貯蔵所（タンクローリー）のタンク容量は、30,000L 以下。1.～4. は答えになる項目なので、最後まで読んで覚えよう！

[7] 答 3 ×3. 届け出る必要の無いもの（→「危険物施設保安員を定めたとき。」「定期点検を実施したとき。」）

[8] 答 4 ○4. 製造所等の修理、改造、移転命令は、4. のように製造所等の位置、構造、設備が、法令に定める技術上の基準に適合していないと発せられる。
1. 施設使用の一時停止又は使用制限の命令が出る。2. 届け出義務違反である。
5. 危険物の貯蔵・取扱基準順守命令が出る。

[9] 答 3 ○3. p34 図4 参照。 ×4. 定期点検は、危険物の貯蔵及び取扱いの技術上の基準ではない。製造所の位置、構造、設備が技術上の基準に適合しているかどうかについて行う。

[10] 答 3 ×3. 2年を経過ではなく1年が正しい。 他はすべて正しい。

[11] 答 3 ×3. 危険物保安監督者でなくても、甲種か乙種危険物取扱者であれば立会いはできる。他の項は、すべて法令に定められているので正しい。

[12] 答 2 ×2. 点検結果等を消防署長に報告する義務はない。他はすべて正しい。

[13] 答 5 ×1. いかなる場合でも、危険物取扱者の乗車が必要。 ×2. 危険物の移送には免状の携帯が必要。 ×3. 完成検査済証は、車に備え付けておく。 ×4. この場合は車を停止させ、免状の提示を求めることができる。 ○5. 丙種危険物取扱者は、ガソリンの取扱いができるので移送も OK。

[14] 答 3 ×3. 4類は、2類か3類か5類と同時運搬できる。 他はすべて正しい。

[15] 答 3 ×3. 焼き入れ作業は、危険物が危険な温度にならないようにして行う。

基礎的な物理学・化学

[16] 答 1 ×1. 窒素と酸素の反応は、吸熱反応なので燃焼ではない。他は全部正しい。吸熱反応 $N_2 + \frac{1}{2}O_2 = N_2O - 74kJ$ 発熱反応 $C + O_2 = CO_2 + 394kJ$

[17] 答 4 ×C. 鉄がさびて酸化鉄になる酸化反応は、光が出ないので燃焼ではない。他はすべて正しい。

[18] 答 2 計算の苦手な人も、まず、①～④の手順で計算してみよう！
何度やっても計算が途中で行き詰まる場合は、答だけでも覚えておこう！
化学反応式の記載がないので、プロパン（C_3H_8）の分子式を使って解く。

①プロパン22gとは？
プロパン（C_3H_8）の分子量は $(12 \times 3) + (1 \times 8) = 36 + 8 = 44$ 44gが1mol
となる。よって、与えられた22gは $\frac{1}{2}$ molである。

②炭素（C）と水素（H_2）の完全燃焼に必要な酸素量（O_2）は？
イ. 炭素は $C + O_2 \rightarrow CO_2$ 炭素1分子には、酸素1分子が必要。
ロ. 水素は $H_2 + \frac{1}{2}O_2 \rightarrow H_2O$ 水素1分子には、酸素1/2分子が必要。

③プロパン（C_3H_8）22g $\left(\frac{1}{2} mol\right)$ の燃焼に必要な酸素量は？
イ. C_3の燃焼に必要な酸素量は②より、
炭素3分子×酸素1分子×$\frac{1}{2}$ mol＝1.5mol
ロ. H_8（水素4分子）の燃焼に必要な酸素量は②より、
水素4分子×酸素$\frac{1}{2}$分子×$\frac{1}{2}$ mol＝1mol
プロパン（C_3H_8）22g $\left(\frac{1}{2} mol\right)$ の燃焼に必要な酸素量は、上記を合計して2.5molとなる。

④酸素2.5molの質量は？ → 酸素（O_2）1molの質量は、32g（$16 \times 2 = 32$）である。 32g×2.5mol＝80g   よって、2が正しい。

[19] 答 5 ×5. 二酸化炭素消火剤の消火効果は、窒息効果であり負触媒効果は誤り。消火剤の主成分は、この問題で覚えておこう！

[20] 答 4 ×4. 二硫化炭素（CS_2）の完全燃焼時の生成物は、二酸化炭素と二酸化硫黄である。 $CS_2 + 3O_2 \rightarrow CO_2 + 2SO_2$

[21] 答 3 ×3. 電気絶縁性が大きいプラスチック等は、電気が流れにくいので余計に静電気が発生し蓄積する。

基礎的な物理学・化学

[22] 答 3 　p108 図2. 　ガソリンの膨張計算の計算式を用いる。

①まず、ガソリンの膨張した量を求める。

1,020L − 1,000L = 20L　　よって、**膨張した量は 20L** である。

②計算式を使って液温を求める。

$$20L = 1,000L \times 1.35 \times \underline{10^{-3}} \, K^{-1} \times X\text{℃} \quad \left(10^{-3} = \frac{1}{1,000} \text{である}\right)$$

$$20 = 1,000 \times 1.35 \times \frac{1}{1,000} \times X \qquad 20 = 1.35 \times X \qquad 1.35X = 20$$

$$X = 20/1.35 = 14.8 \qquad \text{元の温度は 0℃なので} \quad 0\text{℃} + 14.8\text{℃} = 14.8\text{℃}$$

　　　よって、**液温に最も近いのは、3. の15℃である。**

[23] 答 1 　　③　　　　　　　　④　　　　　　　　②

　　　　　　【A = 2】CH_3OH + 【B = 3】O_2 → 2【C = CO_2】 + $4H_2O$

①メタノール（CH_3OH）は炭化水素の化合物なので、完全燃焼時の生成物は、

　　二酸化炭素（CO_2）と水（H_2O）のみである。

②よって、**【C】には二酸化炭素の CO_2 が入る。**

③化学反応式では同じ種類の原子の数は、左の反応物と右の生成物では同じに

　　なるので、**【A】には 2 が入る。**

④以上で答は 1. になる。

　　　最後に【B】に 3 を代入して、両辺の原子の数が同じかを確認しておこう！

[24] 答 2 　○2. エタノール（C_2H_5OH）

[25] 答 1 　○1. の文章を反応式にすると　　$CO_2 + C \rightarrow CO + CO$　これは、二酸化炭素が酸素を失って一酸化炭素になっているので、還元である。また、1つの反応で、酸化と還元が同時に起こっている。2. ～ 5. の反応は酸化である。

性質・火災予防・消火の方法

[26] 答 4 ○4. 第5類は自己反応性物質で、可燃物と酸素が共存し外部から酸素の供給がなくても燃焼するものが多い。

[27] 答 5 ×A. 液体の比重は1より小さいものが多い。 ×C. 蒸気の比重は、全部1より大きい。 ×D. 引火点の高いギヤー油は、220℃で引火するので危険性は小さい。

[28] 答 3 ○3. 二硫化炭素は水より重く水に溶けないため、水没貯蔵して蒸気の発生を抑制している。

[29] 答 1 ×1. 高圧での水蒸気の噴射は、静電着の発生が激しくなるので低圧で行う。

[30] 答 4 ○4. 水溶性液体用泡消火剤の使用が適切な危険物は、水溶性のアセトンとメタノールである。 アセトンとメタノールは代表的な水溶性危険物なので、比較的簡単に答えは出るが、迷ったときには次のようにしてやってみよう！ ➡水溶性ではなく非水溶性の物品を探して×印を付ける！ この場合は、ベンゼン、ガソリン、軽油に×印をしても OK で、答えは同じになる。

[31] 答 2 ×2. 約−40℃はガソリンの沸点ではなく引火点（−40℃以下）なので誤っている。また、ガソリンの融点は、約−40 であるという問題もあるので注意しよう。

[32] 答 5 ×5. 発火点（ガソリン 約300℃、灯油 220℃）。試験に出る範囲内で、第2石油類の灯油の発火点は、第1石油類のガソリンより低いので誤っている。

[33] 答 4 ×4. 第4類の危険物は電気の不良導体のものが多く、静電気が発生しやすい。 ○5. 引火の危険性は、引火点の低いガソリン（−40℃）のほうが高い重油（60〜150℃）よりも危険である。

[34] 答 2 ×2. 二硫化炭素の比重は1.3で、水より重い。

[35] 答 2 ×2. 引火点はメタノール11℃、エタノール13℃で、両方とも20℃より低い。4. と5. は答えになることがあるので、確実に覚えよう。

■**著者**　吉田幸善　（よしだ　こうぜん）

工業高校、専門学校、企業等で危険物講習講師歴 30 年以上のベテラン現役講師。
過去問の網羅的な収集＆分析を得意とし、毎年多くの受験生を合格に導いている。

乙種 4 類危険物試験　合格虎の巻

2024 年 7 月 26 日　初版第 1 刷発行

■著　　者──── 吉田幸善
■発 行 者──── 佐藤　守
■発 行 所──── 株式会社 **大学教育出版**
　　　　　　　　〒 700-0953　岡山市南区西市 855-4
　　　　　　　　電話（086）244-1268　FAX（086）246-0294
■印刷製本──── モリモト印刷㈱
■イラスト──── たぬきデザイン

ISBN978-4-86692-214-0